Apportiertraining

mit Martin Rütter

Suchen und bringen –
mit Spaß zum
perfekten Team

KOSMOS

Inhalt

Apportieren

Sinnvolle Beschäftigung für jeden Hund

Apportieren, ein natürliches Verhalten?

Apportieren ist mehr als nur Bälle werfen – es ist Teamwork auf vier Pfoten und zwei Beinen. Ich zeige dir, wie aus Spiel echte Kommunikation wird – mit Freude, strukturiertem Trainingsaufbau und jeder Menge Aha-Momente für dich und deinen Hund.

Bevor wir über den idealen Trainingsaufbau für dich und deinen Hund, Belohnungssysteme oder das passende Zubehör sprechen, machen wir einen kleinen Schritt zurück, dorthin, wo alles beginnt: zur Natur des Hundes.

Apportieren liegt vielen Hunden „im Blut", es steckt in ihren Genen. Denn zahlreiche Rassen wurden – und werden auch heute noch – gezüchtet, um Wild aufzuspüren und es nach erfolgreicher Jagd dem Jäger zu bringen. Besonders Jagdhunde wie die Retriever, Spaniels oder Vorstehhunde zeigen oft von Welpe an ein erstaunliches Talent fürs Bringen: Voller Stolz tragen sie nicht nur ihr Lieblingsspielzeug, sondern mit Vorliebe auch erbeutete Socken oder Taschentücher durch die Wohnung, auch wenn wir Menschen davon nicht immer so begeistert sind. Doch auch Hunde anderer Rassen zeigen häufig ein starkes Interesse an Beute. Ein junger Hund, der einem Objekt hinterherjagt, folgt dem angeborenen Reiz des Beutemachens. Einige Hunde

Bevor Flynn sein geliebtes Kaninchenohr frisst, trägt er es an einen ruhigen Ort, an dem er nicht gestört wird.

bringen ihre „Beute" zunächst einmal in Sicherheit, andere aber laufen damit zum Menschen zurück und lassen sie vor ihm fallen, als wollten sie sagen: *„Guck mal, was ich gefunden habe!"* Meistens ist die Botschaft aber eher: *„Los, lass uns spielen!"*

Apportieren ist also kein Trick, den wir dem Hund komplett neu beibringen müssen. Vielmehr formen wir ein natürliches Verhalten des Hundes, damit daraus ein gemeinsames Spiel entsteht. Wie bei jedem Training mit dem Hund, ist die Kommunikation beider Spielpartner auch hierbei die Grundlage. Nur wenn Mensch und Hund einander verstehen und ihre Körpersprache gegenseitig lesen können, kann sich echtes Teamwork entwickeln.

Apportieren als gemeinsame Aktivität

Was bedeutet „Apportieren" eigentlich? Der Begriff „Apportieren" stammt vom lateinischen *„apportare"*, was so viel heißt wie „herbeibringen". Und genau darin liegt ein entscheidender Unterschied: Es geht nicht nur um das Tragen (*„portare"*) der Beute, sondern auch um das Bringen des Beuteobjekts zum Menschen.

Begeistert rennt der sieben Monate alte Australian Shepherd Rüde Flynn dem fliegenden Ball hinterher.

Mit der Beute im Maul rennt Flynn am Menschen vorbei, er möchte den Ball nicht wieder hergeben.

Kiko beansprucht den Futterbeutel für sich, indem er den Kopf darauflegt.

Kommunikationsmissverständnis

Fragt man Menschen, ob ihr Hund apportieren kann, antworten viele mit einem überzeugten „Ja". Doch die Vorstellungen davon, was Apportieren genau bedeutet, gehen oft weit auseinander. Eine klassische Situation, die Hundetrainer auf die Frage nach der Beschäftigung des Hundes erleben, sieht häufig so aus: Der Kunde holt einen Gegenstand, z. B. einen Ball, hervor. Der Hund wird augenblicklich aufgeregt, bellt und springt seinen Menschen an, damit der Ball endlich fliegt. Sobald der Ball geworfen wurde, rast der Hund begeistert hinterher und schnappt ihn sich. Nun schaut der Kunde stolz in Richtung Hundetrainer. Doch anstatt den Ball zu seinem Menschen zurückzubringen, dreht der Hund kurz vor diesem ab und trabt imponierend, mit hoch gehaltener Rute und fixierendem Blick, im Kreis um ihn herum. Auf die Frage des Hundetrainers, wie der Kunde denn nun wieder an den Ball kommt, folgt oft die Antwort: *„Na ja, wenn er das Interesse am Ball verliert, lässt er ihn liegen und ich kann ihn dann wieder einsammeln."* Hier liegt ein klassisches Kommunikationsmissverständnis vor! Denn ein Apportierspiel endet nicht mit dem Fangen der Beute durch den Hund, es lebt vom Zurückbringen und damit von der Zusammenarbeit zwischen Mensch und Hund. Gerade dieser Aspekt, das gemeinsame Miteinander, das kooperative Spiel, steht im Mittelpunkt des Apportiertrainings nach Martin Rütter.

Labrador Welpe Bruno beherrscht das Apportieren bereits perfekt, er trägt den Dummy wie ein Profi.

Bruno bringt den Dummy freudig zu Frauchen, denn dann kann das lustige Apportierspiel weitergehen.

Die Jagd nach Beute – Anlass zur Sorge?

Viele Menschen haben Angst, dass sie durch ein Training, das jagdnahe Elemente wie das Suchen, Verfolgen oder Hetzen beinhaltet, ihren Hund erst recht „zum Jäger machen“. Sie befürchten, dass der Hund, sobald er einmal gelernt hat, Wildspuren zu erschnüffeln oder Beute zu verfolgen, draußen nicht mehr abrufbar sei und sie den entspannten Spaziergang ohne Leine dann vergessen könnten.
Diese Sorge ist verständlich, aber unbegründet. Denn stark ausgeprägte jagdliche Veranlagung muss genetisch bedingt beim Hund vorhanden sein, damit sie sich überhaupt zeigen oder weiterentwickeln kann. Hunde jagen nicht, weil man es ihnen beim Training beibringt. Sie jagen, weil entsprechende Verhaltensbausteine in ihrer Genetik verankert sind.

Apportiertraining macht aus einem Hund keinen Jäger, eher das Gegenteil ist der Fall. Durch das Training werden vorhandene Bedürfnisse befriedigt. Zudem wird durch das gemeinsame Training die Bindung zwischen Mensch und Hund gestärkt.

Unterschiedliche Veranlagung

Ein Blick auf die Unterschiede verschiedener Rassen macht das deutlich:
Vorstehhunde zeigen beispielsweise besonders ausgeprägt das sogenannte „Vorstehen". Sie verharren in angespannter Haltung mit erhobenem Vorderbein (oder selten auch mit angehobenem Hinterbein), sobald sie Wild gewittert haben. Dieses Verhalten ist genetisch bedingt und zeigt sich bereits beim Welpen, auch ohne Training. Ein Labrador Retriever hingegen, der zu den Apportierhunden gehört (to retrieve = zurückbringen), würde selbst mit intensivem Training kaum ein überzeugendes Vorstehen zeigen. Dieses Verhalten liegt schlicht nicht in seinem natürlichen Verhaltensrepertoire. Man könnte ihm mit viel Aufwand wohl beibringen, beim Aufspüren von Wild stehenzubleiben. Aber in der Regel wird er dann weder mit erhobener Vorderpfote noch mit derselben Körperspannung oder Dauer stehen wie ein Vorstehhund. Vielmehr würde sein Blick zwischen Wild und Mensch hin- und herwandern, denn dem Retriever ist die Zusammenarbeit mit seinem Menschen besonders wichtig – im Gegensatz zum Vorstehhund, der so auf die Beute fokussiert ist, dass er sie ohne Unterbrechung fixiert. Gefördert werden kann also immer nur das, was ohnehin in der Veranlagung eines Hundes liegt. Ein Hund mit nur gering ausgeprägter jagdlicher Motivation wird daher selbst durch wilde Hetzspiele kaum zu einem begeisterten Jäger, der jedem Wild hinterherjagt. Besteht beim Hund jedoch eine ausgeprägte jagdliche Veranlagung, kann sich diese durch falsches Training durchaus so entwickeln, dass der Hund jedem Reiz, der seinem Bedürfnis entspricht, nachgibt und so unerwünschtes Jagdverhalten zeigt.

Der aus einer Arbeitslinie stammenden Labrador Retriever Hündin Gwennie liegt das Apportieren sozusagen im Blut.

Gerade deshalb ist der Aufbau des Trainings von zentraler Bedeutung. Denn oft lässt sich bei einem Welpen noch nicht genau einschätzen, wie stark seine jagdliche Motivation später ausgeprägt sein wird, selbst dann nicht, wenn man beide Elterntiere und deren jagdliche Veranlagung genau kennt. Denn jeder Welpe bekommt eine individuelle Genkombination von seinen Eltern vererbt und entwickelt sich einzigartig.
Ein gutes Training orientiert sich deshalb immer an den natürlichen Bedürfnissen und Motivationen des Hundes, mit dem Ziel, diese nicht zu unterdrücken, sondern gezielt zu lenken. Die Verhaltensweisen sollen erhalten bleiben, aber durch den Aufbau klarer Signale kontrollierbar werden.

Das Jagdverhalten von Hunden

Um das Jagdverhalten deines Hundes wirklich verstehen und gezielt z. B. mit einem gut aufgebauten Apportiertraining beeinflussen zu können, ist es wichtig, dass du die einzelnen Verhaltensweisen erkennen und einordnen kannst. Denn das Jagdverhalten besteht nicht aus einem einzigen Impuls, sondern aus einer Reihe von aufeinanderfolgenden Verhaltensbausteinen, die je nach Hund unterschiedlich stark ausgeprägt sein können. Einige Elemente werden z. B. so gut wie gar nicht mehr gezeigt, andere sind dagegen stark ausgeprägt vorhanden.

Henrike und Lui schleichen gemeinsam an die begehrte Beute an: den von Lui heißgeliebten Ball!

Viele Golden Retriever zeigen auch auf leblose Beute wie ein Dummy den Mäuselsprung, bevor sie die Beute aufnehmen.

Vollständige Jagdsequenz

Die vollständige Jagdsequenz bei Caniden, also der Familie der Hunde, besteht aus acht aufeinanderfolgenden Verhaltenselementen (siehe S. 14 f.). Auch wenn viele Hunde heute nicht mehr alle diese Verhaltensweisen in deutlicher Form zeigen, tragen sie dennoch die genetische Veranlagung dazu in sich. Einzelne Rassen wurden über Jahrzehnte gezielt daraufhin selektiert, bestimmte Elemente besonders stark – oder auch kaum bzw. so gut wie gar nicht – zu zeigen.

Richtige Motivation mit Beute – aus Sicht des Hundes

Viele Menschen gehen automatisch immer mehr auf ihren Hund zu, wenn sie diesen animieren wollen, hinter einer Beute herzulaufen, der Hund aber kein Interesse am Objekt zeigt. Für den Hund ist das jedoch komplett unlogisch. Keine Beute bewegt sich freiwillig auf ihn zu. Ein Hase läuft nicht in Richtung Maul des Hundes, er rennt vielmehr von ihm weg.
Was heißt das für dein Training? Wenn du beim Apportieren oder Beutespiel Spannung aufbauen willst, musst du das Objekt vom Hund weg bewegen, nicht auf ihn zu. Nur dann wird bei ihm das Verhaltenselement „Verfolgen“ aktiviert, und die wilde Hatz beginnt!

Der Mäuselsprung – Jagdverhalten auf kleinem Raum

Bei kleinen Beutetieren wie Mäusen ersetzt häufig ein spezielles Verhalten das übliche Hetzen: der sogenannte Mäuselsprung. Dabei führt der Hund einen hohen, gezielten Sprung in Richtung der Beute aus und landet mit Wucht mit den Vorderpfoten auf der Maus. Hat der Hund die Maus nicht erwischt, macht ein Verfolgen durch Hetzen wenig Sinn, da Mäuse meist unterirdisch flüchten. Stattdessen wartet der Hund über dem Mauseloch und setzt dann alles auf diesen einen kraftvollen Sprung, mit dem er die Beute direkt packen und töten kann.
Einige Hunde zeigen dieses Verhalten auch bei Gegenständen. Kurz bevor sie einen Ball oder ein Spielzeug packen, springen sie in die Luft und landen mit den Vorderpfoten kurz vor oder sogar direkt auf dem Objekt. Damit zeigen sie deutlich, dass das Spiel mit dem Gegenstand für sie eine passende Alternative zur Jagd auf echte Beute ist.

Vollständige Jagdsequenz

— von Hunden

01

02

03

01 Orten

Die Beute wird wahrgenommen: über Geruch (Spurensuche – Spurjäger), Bewegung (Scannen der Umgebung – Sichtjäger), aber auch anhand von Geräuschen.

02 Fixieren

Das Beutetier wird nicht aus den Augen gelassen, jede Bewegung wird genau verfolgt. Beim Vorstehen steht der Hund mit angespanntem Körper und erhobener Pfote in Richtung der Beute.

03 Anschleichen

Es erfolgt eine vorsichtige, kontrollierte Annäherung an die Beute, dabei wird diese weiterhin im Auge behalten.

Das Anpirschen wird vom Hund so lange durchgeführt, bis er eine Distanz unterschreitet, die für ihn nahe genug zum Angriff erscheint, oder bis die Beute ihn bemerkt und flüchtet. Bei vielen Caniden löst das Fluchtverhalten der Beute überhaupt erst das nächste Verhaltenselement, das Hetzen, aus.

04

04 Hetzen

Die Beute wird verfolgt, oft in rasantem Tempo, bis sie ergriffen werden kann oder das verfolgte Tier erschöpft zusammenbricht.

05 Packen

Die Beute wird mit dem Maul ergriffen.

06 Töten

Durch gezielte Bisse wird vor allem große Beute schnellstmöglich getötet. Mittlere Beutetiere wie etwa Kaninchen werden dagegen oft gepackt und geschüttelt. Dieser Vorgang führt in der Regel zum Bruch der Wirbelsäule und damit zum schnellen Tod.

07 Zerreißen

Größere Beutetiere werden in verzehrbare Stücke zerteilt.

08 Fressen

Die Beute dient als Nahrung und wird (teilweise oder vollständig) gefressen.

05

06

08

Auf dem Spaziergang hat Yvonne Teddys Lieblingsspielzeug dabei.

An einer geeigneten Stelle wirft Yvonne den Futterbeutel.

Teddy wartet, bis Yvonne ihn mit Sichtzeichen zur Beute schickt.

Apportieren als Jagdersatz

Beim Apportiertraining führt der Hund im Grunde genommen eine Jagd auf eine Ersatzbeute durch: Ein Apportiergegenstand wird mit der Nase erschnüffelt oder mit den Augen beobachtet und verfolgt, gepackt und schließlich „in Sicherheit gebracht". Beim Apportiertraining soll der Hund lernen, den Gegenstand gezielt zum Menschen, seinem „sicheren Hafen", zurückzubringen, denn nur dann kann das spannende Apportierspiel fortgesetzt werden. Damit wird nicht nur die Bindung zwischen Mensch und Hund gefördert, sondern ein ganzer Ablauf von natürlichen Verhaltenselementen in kontrollierte Bahnen gelenkt. Durch ein gut aufgebautes Apportiertraining kann man somit eine Kompensation der jagdlichen Motivation erreichen, die bei jedem Hund – mal mehr, mal weniger ausgeprägt – vorhanden ist.

Alltagstauglich und wirksam: Apportiertraining überall

Für das Apportiertraining brauchst du, abgesehen von ein paar geeigneten Gegenständen, nicht viel. Du bist weder auf eine bestimmte Übungsweise noch auf spezielle Geräte oder Hilfsmittel/Hilfspersonen angewiesen. Das macht diese Beschäftigungsform so alltagstauglich. Du kannst sie immer und überall durchführen, sei es gezielt im Training oder ganz nebenbei auf dem Spaziergang, bei dem du deinen Hund jeden Tag aufs Neue mit kreativen Übungen herausforderst. Denn kein Hund „geht einfach nur spazieren". Während wir Menschen beim Gassigehen vielleicht plaudern, frische Luft schnappen oder den Kopf vom Alltag freibekommen wollen, ist es für den Hund die spannendste Zeit des Tages. Er scannt Spuren, wittert Wild, prüft, welche Artgenossen schon unterwegs waren und hinterlässt eigene Duftbotschaften.
Und schnell geschieht es dann, dass der Mensch die ersten Anzeichen einer Jagd beim Hund nicht bemerkt! Denn gibt der Mensch dem Hund in dieser Zeit keine Impulse und klinkt sich stattdessen aus dem gemeinsamen Erlebnis aus, übernimmt der Hund nicht selten das Kommando. Er beschäftigt sich selbst, und aus dem entspannten Spaziergang wird schnell ein Jagdabenteuer. Vom Auffinden einer Spur bis zur Hetzjagd auf ein Wildtier ist es manchmal nur ein kleiner Schritt. Damit es gar nicht erst dazu kommt,

Teddy bringt den Futterbeutel freudig zu Yvonne. So wird der Spaziergang nie langweilig.

Durch Apportiertraining entsteht echte Teamarbeit und damit eine Beziehung, die auf Vertrauen, Kommunikation und gemeinsamem Erleben basiert.

gestalte den Spaziergang aktiv mit. Gib deinem Hund kleine Aufgaben, überrasche ihn mit immer neuen Trainingsvarianten, fordere ihn geistig, aber auch körperlich.
Und was bietet sich da mehr an als ein Apportiertraining? Ob dein Hund mit Vollspeed dem von dir geworfenen Ball hinterherhetzt oder du ihn gezielt in eine bestimmte Richtung schickst, um einen zuvor versteckten Dummy zu suchen – er kann seine individuellen Bedürfnisse befrieden, hat Spaß, und bleibt bei dir. Doch entscheidend ist, dass du das Spiel gestaltest. Du weißt, wo die „Beute" liegt. Du gibst das Startsignal. Du hilfst, wenn es nötig ist.

VORTEILE DES APPORTIERTRAININGS AUF EINEN BLICK

Unabhängig von Zeit und Ort: Das Training kann überall stattfinden, ob im Garten, auf dem Feld, im Wald oder zwischendurch beim Spaziergang.

Stärkung der Zusammenarbeit zwischen Mensch und Hund: Apportieren fördert das gemeinsame Miteinander, verbessert die Kommunikation und stärkt die Bindung.

Geistige und körperliche Auslastung: Der Hund wird nicht nur körperlich gefordert, sondern muss bei immer neu gestalteten Aufgaben auch mitdenken!

Unendlich variabel: Ob mit Dummy, Spielzeug oder Futterbeutel – das Training lässt sich jederzeit kreativ gestalten und individuell anpassen.

Nachteile beim Apportiertraining

Bei all den Vorteilen stellt sich natürlich die Frage: Hat Apportiertraining auch Schattenseiten? Wie bei jeder Beschäftigungsform ist es wichtig, alle Aspekte zu betrachten, um sich bewusst dafür oder dagegen zu entscheiden.

Jagdverhalten perfektionieren

Über die Sorge, dass ein Hund durch Apportiertraining „zum Jäger wird", haben wir bereits gesprochen. Manche Hundetrainer raten sogar grundsätzlich davon ab, einem Hund jemals einen Ball zu werfen, mit dem Argument, dass damit seine jagdlichen Fähigkeiten gefördert würden. Und ganz falsch ist das auch nicht:

- Bei jedem Training förderst du die Fähigkeiten deines Hundes.
- Lernt er, Spuren zu verfolgen, wird er darin besser.
- Darf er regelmäßig hetzen, wird er darin schneller und geschickter.
- Und ja, auch beim Apportiertraining verbessert er seine Fähigkeit, Beute aufzuspüren, sie zu beobachten bzw. sich deren Ort zu merken und dann gezielt zu packen.

Doch diese Motivation steckt ohnehin in deinem Hund, von Welpe an. Du kannst gar nicht verhindern, dass er Gerüche untersucht, bewegte Dinge beobachtet oder ihnen hinterherläuft und damit jagdliche Verhaltensweisen perfektioniert. Ein Blatt, das vom Wind über den Weg geweht wird, ein plötzlich hervorspringendes Kaninchen, die Spuren anderer Tiere – überall im Alltag wird ein Hund mit solchen Reizen konfrontiert. Wolltest du also jegliches Jagdverhalten vermeiden, müsstest du deinen Hund in einen reizfreien Raum einsperren. Und das ist, völlig klar, keine Option.

Was liegt also näher, als ihm kontrollierte Möglichkeiten zu geben, seine natürlichen Bedürfnisse auszuleben? Denn sonst sucht er sich selbst Befriedigung durch die Jagd auf Wild oder durch unerwünschtes Jagdverhalten gegenüber Joggern, Radfahrern oder sogar Autos.

Kontrolle statt Chaos

Beim Apportiertraining läuft dein Hund jedoch nicht „einfach nur dem Ball hinterher". Im Gegenteil, du gestaltest das Training, indem du die Übungen immer wieder variierst. Vor allem zu Beginn ist es zudem wichtig, dass dein Hund nicht das Spiel initiiert. Bringt er dir ständig sein Lieblingsspielzeug, um dich zum Werfen zu animieren,

Yvonne gestaltet die Aufgaben für Teddy immer anders. Hier liegt der Futterbeutel erhöht auf einem Baumstamm.

solltest du das, vor allem zu Beginn des Trainings, ignorieren. Denn du gibst die Regeln vor. Lernt dein Hund, dass er dich manipulieren, dich dazu bewegen kann, seinen Wünschen zu folgen, kann er sich zum Dauernerver entwickeln. Aber auch später sollte klar sein, dass du entscheidest, wann gespielt wird und wann nicht. Natürlich darfst du auch ab und an mitmachen, wenn dein Hund dir freudestrahlend den Ball in den Schoß legt. Doch du triffst die Entscheidung, du bestimmst den Alltag, denn dein Hund soll sich an dir orientieren und nicht umgekehrt. Er soll also immer auch akzeptieren, wenn du ihm signalisierst, dass jetzt gerade kein passender Zeitpunkt für ein Spiel ist!

Chila verfolgt den von Rossi geworfenen Futterbeutel zwar mit den Augen, bleibt aber ruhig sitzen.

Impulskontrolle gehört dazu

Ein durchdachtes Apportiertraining beinhaltet daher immer auch Übungen zur Impulskontrolle.

— Der Hund lernt, ruhig zu warten, wenn eine Beute geworfen wird (siehe S. 113 ff.).
— Er kann auf dem Weg zum Gegenstand abgerufen werden (siehe S. 135 ff.).
— Er kann gestoppt werden, während er sich auf die Beute zubewegt (siehe S. 138 ff.).

Mit steigender Reizintensität lernt dein Hund damit, auch bei flüchtender Beute ruhig zu bleiben und sich an dir zu orientieren, ideale Voraussetzungen für den Spaziergang mit Wildkontakt! **Ein konsequent aufgebautes Apportiertraining perfektioniert zwar Verhaltensweisen aus dem Bereich des Jagdverhaltens. Es hilft aber umso mehr, unerwünschtes Jagdverhalten zu verhindern, weil du es kontrollieren und in sichere Bahnen lenken kannst.**

Darf ein Hund dem Ball jedes Mal hinterherhetzen, besteht die Gefahr, dass er sich zum Balljunkie entwickelt.

Nimmt ein Hund seine Umwelt nicht mehr wahr, sobald der Ball sichtbar ist, kann dies zu Problemen führen.

Die Gefahr des Balljunkies

Ein häufig geäußerter Einwand gegen das Apportiertraining ist die Sorge, der Hund könnte zum Balljunkie werden. Und ja, diese Gefahr besteht tatsächlich, vor allem bei Hunden mit hoher Erregbarkeit oder einer stark ausgeprägten Motivation, Beute zu machen.

Was ist überhaupt ein Balljunkie?

Der Begriff ist vom Wort „Junkie" abgeleitet, mit dem jemand bezeichnet wird, der von einer Droge abhängig ist. Übertragen auf den Hund beschreibt er eine übersteigerte Fixierung auf ein bestimmtes Beuteobjekt. Dabei handelt es sich meist um einen Ball, da dieser nach dem ersten Aufprall auf den Boden noch weiterspringt oder -rollt und damit ein ähnliches Bewegungsmuster wie lebendige Beute zeigt. Ein Hund, der süchtig danach ist, dem Ball hinterherzuhetzen, nimmt dabei nichts anderes mehr wahr. Doch nur weil ein Hund Bälle liebt, ist er noch lange kein Junkie.

IST DEIN HUND EIN BALLJUNKIE?

Beantworte die folgenden Fragen ehrlich:

- Bleibt dein Hund entspannt, wenn du den Ball herausholst?
- Ist er noch ansprechbar? (Oder starrt er nur noch auf die Beute?)
- Kannst du ihn davon abhalten, zu einem herumliegenden Ball zu laufen?
- Nimmt er Leckerlis, wenn sein Ball in der Nähe ist?
- Reagiert er angemessen auf Umweltreize? (Oder ist er komplett auf das Spielobjekt fokussiert?)

Wenn du diese Fragen überwiegend mit „Nein" beantworten musst, besteht eine hohe Wahrscheinlichkeit, dass dein Hund eine problematische Fixierung auf den Ball entwickelt hat und als Balljunkie gilt.

Hütehunde, wie der sieben Monate alte Border Collie Ray, neigen dazu, schnell auf dynamische Reize zu reagieren.

Praxisbeispiel: Der Ball ist alles

Ein Schäferhund soll lernen, über eine dichte Hecke zu springen. Das Signal „Hopp" kennt er bereits aus dem Hürdentraining. Der Hund wird vor der Hecke abgesetzt, sein Mensch stellt sich auf die andere Seite der Hecke und hält zur Motivation den geliebten Ball bereit. Der Schäferhund kann den Ball jedoch noch durch die Hecke schimmern sehen. Anstatt auf das bekannte Signal zu hören und über die Hecke zu springen, rennt der Hund nun direkt durch diese hindurch. Er sieht nur eines: den Ball. Kein „Hopp", kein Umweg um die Hecke herum, der direkte Weg zur „Droge" ist für ihn die einzige Option. Ein klassischer Fall eines Balljunkies.

Und wenn es schon passiert ist?

Hat sich diese Fixierung einmal entwickelt, ist sie kaum noch zu korrigieren. So wie beim süchtigen Menschen oft nur ein kompletter Entzug hilft, muss auch beim Hund das Spiel mit dem Ball vollständig eingestellt werden. Selbst kleine „Dosen", also kurze Spielsequenzen, können die Sucht wieder aktivieren.

In manchen Fällen gelingt es, ein entspanntes Apportiertraining mit einem anderen Gegenstand aufzubauen, vorausgesetzt, das Training wird sorgfältig geplant und auf die individuellen Bedürfnisse und Veranlagungen des Hundes abgestimmt.

Wie entsteht ein Balljunkie?

Um zu verstehen, warum ein Hund zum Balljunkie werden kann, muss man zunächst einen Blick auf die inneren Voraussetzungen werfen, denn eine zentrale Rolle spielt dabei die Veranlagung des Hundes.

Hunde mit niedriger Reizschwelle und starker jagdlicher Motivation neigen deutlich eher zu einer krankhaften Abhängigkeit vom Apportierspiel als Hunde mit hoher Reizschwelle und geringer Jagdmotivation.

Deshalb findet man viele „Balljunkies" unter den Hütehunden, etwa beim Border Collie oder den verschiedenen Schäferhundrassen. Auch hochspezialisierte Jagdhunde, etwa viele Vorstehhunde, bringen eigentlich die genannten Voraussetzungen mit, zeigen aber seltener eine solche Fixierung. Warum ist das so?

Weil sie in der Regel gezielt an Jäger vermittelt werden, die dem Hund die Möglichkeit geben, seine jagdliche Motivation artgerecht auszuleben, durch Training, Revierarbeit oder Jagden. Zudem ist das ständige unkontrollierte Werfen von Bällchen dort kaum ein Thema. Vielmehr muss der Jagdhund lernen, ruhig zu warten, bis der Jäger das Wild geschossen hat, bevor der Hund es dann apportieren darf. Das Training der Impulskontrolle steht daher meist schon beim Welpen auf dem Stundenplan.

Ganz anders sieht das bei vielen Terriern aus: Oft als kleine Familienhunde angeschafft, erhalten sie selten die Chance, ihre genetisch fest verankerte Jagdmotivation im echten Jagdalltag auszuleben. Fehlt diese Auslastung, sucht sich der Hund einen Ersatz. Ein Hund mit niedriger Reizschwelle und unerfüllter Jagdmotivation wird diese Frustration irgendwann im Alltag zeigen: Er wird unruhig, zerstört womöglich Möbel, ist schwer kontrollierbar. Die Reaktion vieler Halter ist dann: „Er muss ausgepowert werden." Und da der Hund das Apportieren schnell gelernt hat, warum nicht einfach den Ball werfen? Immer wieder. Und wieder. Und wieder …

Was zunächst nach sinnvoller Auslastung aussieht, wird jedoch bald zum gefährlichen Kreislauf: Der Hund pusht sich selbst durch diese reizarme, aber hochstimulierte Handlung immer weiter hoch. Der Ball wird zum zentralen Objekt der Begierde, andere Reize treten in den Hintergrund. Der Hund ist in einer Abhängigkeit gelandet.

Es ist nicht der Ball – es ist das Gefühl

Es ist dabei jedoch nicht der Ball selbst, von dem der Hund abhängig ist, sondern das Erlebnis, das er mit dem Ball verbindet. Denn beim Hetzen von bewegten Objekten werden im Hundegehirn Dopamin und Adrenalin ausgeschüttet, welche Glücksgefühle auslösen und das Belohnungssystem aktivieren. Der Hund fühlt sich gut und möchte diesen Kick immer wieder erleben. Dadurch kann sich eine regelrechte Sucht nach dem Spiel entwickeln, bei der der Hund kaum noch zur Ruhe kommt.

REIZE AUSHALTEN
Gerade Hunde, die auf sich bewegende Reize besonders stark reagieren, dürfen nicht mit ständigen Ballwürfen „bespaßt" werden. Sie müssen lernen, Reize wie fliegende Beute auszuhalten. Ein gut strukturiertes Apportiertraining beugt genau dem vor. Die Impulskontrolle wird aufgebaut und strukturiertes Training verhindert, dass aus Spaß Sucht wird.

Nicht jeder Hund will apportieren

So schwer es ist, aus einem Herdenschutzhund einen Balljunkie zu machen, so schwer kann es auch sein, ihn überhaupt davon zu überzeugen, einen Gegenstand zu apportieren.
Wenn du mit einem solchen Hund zusammenlebst, solltest du dir ehrlich die Frage stellen: *„Warum soll er überhaupt apportieren lernen?"* Gibt es nicht vielleicht eine andere Beschäftigungsform, die besser zu seinem Naturell passt? Eine, die mehr seiner genetischen Veranlagung entspricht, die er leichter erlernt und die dabei zugleich als echte Form der Bedürfnisbefriedigung dienen kann? Wenn ja, dann solltest du dich für diese Form des Trainings entscheiden. Denn gutes Training orientiert sich immer am Hund, und nicht an den Wünschen oder Vorlieben des Menschen.

Cão da Serra da Estrela Rüde Calito zeigt – typisch Herdenschutzhund – kaum Interesse am Ballspiel.

Martin und die Siberian Husky Hündin Maya haben viel Spaß beim gemeinsamen Spiel mit dem Futterbeutel.

Finde den Gamechanger

Es gibt aber auch Hunde, die sich zunächst nicht oder nur mit geringer Motivation auf ein Apportiertraining einlassen. Häufig liegt das daran, dass sie bisher nicht gelernt haben, spielerisch mit dem Menschen umzugehen bzw. generell ausgiebig zu spielen. Das Leben vieler Straßenhunde besteht z. B. daraus, ihr Überleben zu sichern und für die Nachkommen zu sorgen. Für Spiel bleibt da kein Raum.

Auch viele nordische Hunde tun sich schwer mit klassischen Spiel- und Apportierformen.

Ihre Einstellung scheint zu sein: *„Du wirfst den Ball weg? Na, dann brauchst du ihn wohl nicht mehr…"*

Bei solchen Hunden kann z. B. der richtig ausgewählte Apportiergegenstand ein Gamechanger werden. Bringst du etwa Futter ins Spiel, sieht die Welt für viele dieser Hunde schon ganz anders aus. So mancher Husky hat mithilfe eines gefüllten Futterbeutels ein durchaus komplexes Apportiertraining erlernt.

Du darfst – und musst – akzeptieren, wenn dein Hund keine Freude am Apportiertraining hat. So wie nicht jeder Mensch begeistert Tennis, Golf oder Fußball spielt, haben auch Hunde individuelle Vorlieben. Gutes Training bedeutet, herauszufinden, was deinem Hund wirklich liegt und nicht: „Apportieren um jeden Preis!"

Motivationsformen

Warum macht dein Hund das, was er macht? Was will er mit seinem Verhalten erreichen? Wenn Hunde ein Verhalten zeigen, kann die Motivation dahinter intrinsisch oder extrinsisch sein.

Der ursprünglich als Apportierhund gezüchtete Labrador Retriever hat das Bringen oft schon „im Blut", er apportiert für sein Leben gern. Für viele Retriever ist das Apportieren an sich Belohnung genug, sie sind intrinsisch motiviert in Bezug auf das Apportieren und brauchen hierfür keine zusätzliche Motivation wie Futter oder Spiel.

Intrinsische und extrinsische Motivation

Intrinsische Motivation bedeutet, dass der Hund ein Verhalten zeigt, weil ihm die Ausführung selbst Freude macht.
Extrinsische Motivation bedeutet, dass der Hund ein Verhalten zeigt, um damit etwas anderes zu erreichen, wie etwa Futter, Lob oder Spiel.
Ein Hund, der intrinsisch motiviert ist, lernt in der Regel schneller, zeigt mehr Begeisterung beim Training und meistert auch anspruchsvolle Aufgaben selbst bei starker Ablenkung zuverlässiger als ein extrinsisch motivierter Hund.

Die richtige Wahl

Wählst du eine Beschäftigungsform für deinen Hund aus, solltest du dich, wann immer es möglich ist, für eine entscheiden, bei der dein Hund intrinsisch motiviert ist. Das muss im Übrigen nicht zwangsläufig dem typischen Rasseverhalten entsprechen. Vielleicht liebt dein Labrador Retriever anstelle eines Apportierspiels die Spurensuche oder ist begeistert vom Hetzen bewegter Reize? Probiere verschiedene Dinge aus und achte auf seine Reaktion. Du wirst die Begeisterung deines Hundes sehen, wenn du die passende Beschäftigungsform gefunden hast. Er will weitermachen, auch wenn er kein Futter, kein Spiel, keine Streicheleinheit dafür bekommt. Er wird nach neuen Herausforderungen fragen, Übungen schnell begreifen und diese motiviert ausführen.
Ein Hund, der ein intrinsisch motiviertes Verhalten ausführen darf, strahlt regelrecht vor Freude und wird zu einem rundum glücklichen, zufriedenen Trainingspartner.

Lisa & Milow

Bei Familie Müller und ihren beiden Hunden zeigt sich der Unterschied in der Motivation besonders deutlich.
Die Labrador Retriever Hündin Lisa apportiert mit Begeisterung. Sobald der Dummy aus der Tasche kommt, ist sie hochkonzentriert. Sie wartet auf das Signal, rennt los, sucht, findet und bringt den Dummy freudestrahlend zu Frau Müller zurück. Sobald diese den Dummy in der Hand hat, sitzt Lisa schon wieder neben ihr und wartet darauf, dass er erneut versteckt wird. Für das Zurückbringen des Dummys bekommt Lisa keine Belohnung durch Futter, Streicheln oder ein Spiel mit Frau Müller. Für sie ist es Belohnung genug, dass sie nun noch ein weiteres Mal den Dummy suchen und bringen darf – intrinsische Motivation pur.
Ganz anders bei Milow, einem Herdenschutzhund-Mischling aus dem Tierschutz. Auch er hat das Apportieren gelernt und sucht auf Signal den von Frau Müller versteckten Dummy. Nach der Abgabe des Dummys schaut er jedoch sofort zu Frau Müllers Jackentasche. Er wartet auf die Futterbelohnung. Bleibt diese mehrfach aus, bricht er das Spiel ab, denn es lohnt sich für ihn nicht. Milow apportiert nicht des Apportierens wegen, sondern um etwas anderes, nämlich das Leckerli, zu erreichen – ein klassischer Fall von extrinsischer Motivation.

Wie es begann

Lisa zeigte schon als Welpe große Freude am „Such-und-Bring-Spiel". Nach wenigen Einheiten wusste sie, worum es geht und hatte viel Spaß beim gemeinsamen Training mit Frau Müller. Sie konnte bald aus größerer Distanz geschickt werden, arbeitete selbstständig auch auf einer größeren Fläche und suchte sogar dann, wenn sie das Verstecken der Dummys zuvor nicht gesehen hatte. Sogar wenn ein Hase direkt vor ihr aufsprang, blieb sie konzentriert bei der Aufgabe.

Milow hingegen interessierte sich als Welpe kaum fürs Apportieren. Futter war der Schlüssel, um überhaupt sein Interesse zu wecken. Wenn Frau Müller mit Milow trainiert, muss sie ihn auch heute immer noch zuschauen lassen, während sie die Gegenstände versteckt. Hat er das Auslegen der Dummys nicht gesehen, sucht er nur kurz und bricht die Suche dann ab.

Das Apportierspiel mit dem Futterbeutel eignet sich für extrinsisch motivierte Hunde. Denn sie apportieren, um eine Belohnung zu erhalten.

Hütehundmischling Mino soll das Apportieren erlernen. Martin sichert ihn mit der am Geschirr befestigten Schleppleine, damit er mit der Beute nicht weglaufen kann.

Trainingsaufbau mit dem Futterbeutel

Statt das Futter wie gewohnt im Napf zu servieren, bekommt dein Hund seine gesamte Mahlzeit ausschließlich im Training über den Futterbeutel.

1. Du füllst die Mahlzeit deines Hundes in einen Futterbeutel.
2. Dein Hund soll diesen suchen, erjagen und dir zurückbringen.
3. Du öffnest den Beutel und gibst ihm einige Brocken oder lässt ihn direkt daraus fressen.
4. Bringt er den Futterbeutel nicht zurück, brichst du das Training nach einigen Versuchen ab und beendest die Futtervergabe für diesen Spaziergang. Beim nächsten Training bekommt dein Hund eine neue Chance, sich sein Futter zu erarbeiten.

Angepasstes Training

Bevor du so konsequent arbeitest, muss dein Hund jedoch ganz klar verstanden haben, was du von ihm erwartest, also den Beutel zu finden und zu dir zu bringen. Hat dein Hund beim letzten Training nun kein Futter bekommen, solltest du es ihm am nächsten Tag deutlich leichter machen. Reduziere Ablenkungen, halte die Übung einfach und gib ihm eine reale Chance, erfolgreich zu sein. Nur wenn dein Hund lernt, wie er durch sein Verhalten ans Ziel kommt, ist ein Trainingsabbruch sinnvoll und lerntheoretisch unterstützend. Nicht sinnvoll ist es dagegen, das Training weiterhin in der Schwierigkeitsstufe wie bisher beizubehalten und deinem Hund mehrere Tage lang kein Futter zu geben, da er beim Training nicht mit dir zusammenarbeitet. Dies ist keinesfalls unter artgerechter Haltung zu verstehen, zudem hat es lerntheoretisch keinerlei positiven Effekt. Dein Hund macht zwar irgendwann mit, frisst sich dabei satt und verweigert dann erneut die Zusammenarbeit für die nächsten Tage. Ein Teufelskreis beginnt.

Mino bringt den mit seinen Lieblingsleckerlis gefüllten Futterbeutel freudig zu Martin.

Während Martin den Futterbeutel öffnet, muss Mino ruhig warten – eine erste Impulskontroll-Übung.

Dann darf Mino sich zur Belohnung eine große Portion Futter aus dem Futterbeutel holen.

Fehlerquellen

— beim Einsatz des Futterbeutels

Der Futterbeutel ist ein großartiges Hilfsmittel beim Apportiertraining, vor allem, wenn du gezielt mit Motivation, Bindung und Bedürfnisbefriedigung arbeiten willst. Doch gerade weil der Futterbeutel so eine starke Wirkung hat, kann er bei falschem Einsatz auch Fehler verstärken statt Verhalten formen.

1. Den Futterbeutel zu schnell als einzige Futterquelle nutzen

Ein häufiger Fehler: Dein Hund bekommt sofort nur noch Futter über das Training, obwohl er noch gar nicht verstanden hat, was er eigentlich tun soll.
Lösung: Stelle sicher, dass dein Hund den Ablauf kennt und verstanden hat: Beutel bringen = Futter. Erst wenn er zuverlässig apportiert, kannst du ihm seine Tagesration über das Apportiertraining füttern.

2. Futter zu lange zurückhalten

Viele Halter sind zu strikt: Der Hund bringt den Beutel nicht, also gibt es tagelang nichts.
Lösung: Wenn dein Hund einmal nicht mitmacht, gestalte das Training danach leichter, damit er Erfolg haben kann. Nur eine positive Lernerfahrung führt langfristig zum gewünschten Verhalten. Dauerfrust führt ins Gegenteil.

3. Keine Variation im Training

Immer dieselbe Aufgabe, immer derselbe Ort, immer dieselbe Variante, das stumpft Hunde schnell ab, ihre Motivation sinkt.
Lösung: Baue kleine Variationen ein (siehe auch S. 111 ff., Aufbau von Apportierübungen), damit das Training spannend bleibt.

4. Zu hohe Erwartungen am Anfang

Dein Hund soll gleich ohne Schleppleine, unter großer Ablenkung, bei Wind und Wetter apportieren? Das klappt in aller Regel nicht und frustriert beide Seiten.
Lösung: Steigere die Schwierigkeit in kleinen Schritten und arbeite mit Erfolg: Wähle zu Beginn kurze Distanzen, wenig Ablenkungen und leichte Verstecke. Steigere das Niveau erst, wenn dein Hund zuverlässig und freudig mitarbeitet.

5. Der Hund bedient sich selbstständig am Futter

Manche Hunde rennen dem Beutel zwar begeistert hinterher, tragen ihn aber nicht zurück, sondern zerlegen ihn auf halber Strecke, um an das Futter zu gelangen.
Lösung: Belohne nur das vollständige Zurückbringen, nutze dafür Schleppleine und Geschirr. Zudem ist der Beutel kein Spielzeug deines

Hundes, vielmehr gehört er dir. Dein Hund darf ihn nutzen, aber nicht besitzen. Überlass ihn deinem Hund daher nicht zur freien Verfügung.

6. Fehlende Klarheit und Konsequenz

Manchmal darf dein Hund einfach so, ohne eine vorherige Übung aus dem Beutel fressen, dann wieder nicht? Und manchmal liegt der Beutel offen, gefüllt mit den restlichen Futterstücken vom letzten Training, in deiner Wohnung herum, an denen dein Hund sich dann eigenständig bedient? Inkonsequentes Training verwirrt deinen Hund und frei verfügbare Beute verliert ihre Bedeutung.

Lösung: Stelle klare Regeln auf und halte dich konsequent daran. Der Beutel wird nur im Training verwendet, nur von dir zur Belohnung deines Hundes geöffnet und Futter gibt es nur für gefragtes Verhalten.

Fazit

Der Futterbeutel kann ein motivierendes Hilfsmittel sein, wenn du ihn richtig einsetzt. Achte auf klare Regeln, kleinschrittigen Aufbau, regelmäßige Erfolgserlebnisse und ein Training, das für deinen Hund nachvollziehbar ist. So förderst du die Freude am Lernen.

Vina versucht, sich selbst am Futterbeutel zu bedienen. Nicole muss die Übung daher jetzt abbrechen.

Dummy, Ball und Futterbeutel

Verschiedene Gegenstände

Was eignet sich zum Apportieren?

Das Angebot an Apportierspielzeug ist riesig: Bälle, Frisbees, Seile, Kongs®, Dummys – in allen Farben, Formen und Materialien. Ob aus Hartgummi, Stoff oder Holz, ob weich oder fest, klein oder groß – da fällt die Wahl oft schwer.

Welcher Gegenstand eignet sich aber nun eigentlich am besten für die ersten Apportierübungen mit deinem Hund?
Gerade zu Beginn bevorzugen viele Hunde weiche, leichte Gegenstände. Harte Objekte nehmen sie oft ungern ins Maul, ein plüschiger oder flexibler Gegenstand, den man leicht an einem Zipfel tragen kann, ist oft viel verlockender.
Für das erste Training mit deinem Hund solltest du einen Gegenstand auswählen, den dein Hund spannend findet. Sicherlich hast du bereits einiges unterschiedliches Spielzeug für ihn gekauft. Beobachte ihn daher doch einfach einmal für einige Tage.

- Trägt er ein spezielles Spielzeug gern herum?
- Kaut er ein besonderes Objekt immer wieder begeistert an?
- Bringt er dir einen bestimmten Gegenstand von sich aus?

Wenn ja – perfekt! Das ist euer Startobjekt. Pack es für ein paar Tage weg und hole es nur zum Training heraus. So steigt die Motivation und die Spannung auf das gemeinsame Spiel.
Für das erste Training eignet sich das heiß geliebte Stofftier deines Hundes daher durchaus, vor allem in einer ablenkungsarmen Umgebung wie dem

Auch wenn Labradoodle Linus das Spielzeug nur am Zipfel trägt: Der Anfang ist gemacht!

Den weichen Stoffhund kann Labradoodle Linus gut ins Maul nehmen und festhalten, so macht ihm Apportieren Spaß!

Wohnzimmer. Draußen wird es dann allerdings schwieriger: Nach dem Training bei Regenwetter und im Matsch muss das gute Stück erst einmal in die Waschmaschine, bevor du es erneut nutzen kannst. Für regelmäßiges Outdoor-Training sind Stofftiere daher eher ungeeignet.
Aber was, wenn du im Alltag keine Vorlieben deines Hundes in Bezug auf Spielzeug und Beuteobjekte feststellen kannst?

Wahl der Apportiergegenstände

Am besten probierst du einfach aus, wovon sich dein Hund am meisten begeistern lässt. Die Vorlieben sind oft ganz individuell. Ob du für dein Apportiertraining nun einen Ball, einen Kong® oder ganz klassisch einen Dummy verwendest, spielt im Grunde genommen keine Rolle. Für viele Hunde ist ein Objekt besonders attraktiv, wenn es sich nach dem Werfen ähnlich wie echte Beute bewegt.

- Ein Ball, der auf dem Boden auftitscht und mehrfach hochspringt, bevor er dann über die Wiese rollt, simuliert Fluchtverhalten.
- Ein Kong®, der (genauso wie z. B. ein Gummi-Ei) durch seine unregelmäßige Form unvorhersehbar hüpft, weckt die jagdliche Motivation deines Hundes, ähnlich wie ein Hase, der Haken schlägt.
- Ein Dummy dagegen bleibt meist direkt nach dem Aufprall liegen und wirkt für manche Hunde daher eher langweilig. Es eignet sich eher für intrinsisch motivierte Hunde.

Beobachte genau, was dein Hund wirklich spannend findet, nicht jedes Objekt spricht jede Persönlichkeit an.
Wenn du möchtest, dass dein Hund sich auf ein komplexes Apportiertraining einlässt, musst du ihn gut kennen. Verstehe seine Vorlieben, respektiere seine Abneigungen und wähle eure Beuteobjekte individuell auf ihn passend aus. Mittlerweile gibt es eine riesige Auswahl an Apportierspielzeug: von Bällen über Frisbees und Tauspielzeug bis hin zu Dummys und den klassischen Holz- oder Metallapporteln aus dem Hundesport – für jeden Bedarf ist etwas dabei. Doch was sind die Vor- oder Nachteile? Worauf solltest du bei der Auswahl achten?

Ein unregelmäßig geformtes Spielzeug springt in jede Richtung und macht das Spiel spannend.

Eurasier Daiko darf sich sein Spielzeug aus der Vielzahl unterschiedlicher Gegenstände heraussuchen.

Bälle – beliebt, aber nicht ungefährlich

Bälle gehören zu den beliebtesten Apportiergegenständen überhaupt. Und das Angebot ist riesig, es gibt sie in allen Farben, Größen, Materialien und Ausführungen. Doch kaum ein Spielzeug birgt so viele unterschätzte Gefahren wie der Ball.

ERSTE HILFE BEIM VERSCHLUCKEN EINES BALLS

Wenn dein Hund apathisch wird oder bewusstlos ist, handle SOFORT:

- Lege ihn auf den Rücken.
- Überstrecke seinen Kopf, damit sich die Kehle aufwölbt.
- Der Ball wird nun sichtbar. Drücke mit Nachdruck von außen gegen den Ball, bis er sich löst und herausspringt. Habe keine Angst davor, zu fest zu drücken. Eine Kehlkopfverletzung ist behandelbar, ein erstickter Hund nicht.

Selbst wenn es deinem Hund danach scheinbar wieder gut geht, lass ihn unbedingt direkt hinterher tierärztlich untersuchen. Nur so kannst du ausschließen, dass innere Verletzungen oder Folgeschäden vorliegen.

Tennisbälle – lieber nicht!

Viele Menschen greifen auf ausgediente Tennisbälle zurück, doch diese sind für das Spiel mit dem Hund nicht geeignet. Kaut der Hund beim Apportieren auf dem Tennisball herum, wirkt der raue Filzbelag wie Schleifpapier auf die Zähne, sodass es langfristig zu erheblichen Zahnproblemen kommen kann. Zudem enthalten Tennisbälle oft gesundheitsschädliche Stoffe wie Weichmacher oder Farbstoffe. Verwende für dein Training daher ausschließlich Bälle, die speziell für Hunde gefertigt und als unbedenklich gekennzeichnet sind.

Vorsicht bei kleinen Bällen

Wähle den Ball immer groß genug, sodass dein Hund ihn nicht vollständig mit dem Maul umschließen kann. Denn sonst kann Folgendes passieren: Dein Hund rennt dem Ball hinterher, fängt ihn im Sprung und plötzlich rutscht der Ball in die Kehle. Er verkeilt sich, blockiert die Luftröhre und dein Hund bekommt keine Luft mehr. Es ist fast unmöglich, einen solchen Ball wieder herauszubekommen, da der Speichel des Hundes den Ball sofort extrem glitschig macht. Zudem bekommt der Hund Panik, da er nicht mehr atmen kann. In einer solchen Situation kann selbst der liebste und freundlichste Hund um sich beißen und dich schwer verletzen, wenn du versuchst, den Ball zu lösen. Doch schnelles Handeln ist notwendig, denn in solchen Momenten zählt jede Sekunde.

Bälle mit Schnur als sichere Alternative

Der Nachteil großer Bälle ist, dass dein Hund das Maul sehr weit aufmachen muss. Das finden viele Hunde unangenehm. Bälle mit Schnur können eine sinnvolle und genauso ungefährliche Alternative sein. Sollte sich der Ball im Maul verklemmen, hast du hierbei im Notfall die Möglichkeit, ihn an der Schnur aus dem Maul deines Hundes herauszuziehen. Zugegeben: Ein solcher Ball rollt nicht ganz so schön, doch Sicherheit geht vor. Dafür hüpfen auch Gummibälle mit Schnur mehrfach, was die jagdliche Motivation deines Hundes aufrechterhält.

Das Spiel mit dem Stöckchen

Warum du besser darauf verzichten solltest:
Für viele Menschen gehört das Stöckchenspiel einfach zum Alltag mit Hund dazu. Ein Stock liegt praktisch immer griffbereit am Wegesrand oder im Wald. Ist das Spiel zu Ende, kann man den Stock liegenlassen und muss ihn nicht, neben Leine, Pfeife und Leckerlis, den ganzen restlichen Weg mit sich herumtragen. Zudem fliegt ein Stock in der richtigen Größe auch wunderbar! Klingt nach dem perfekten Apportiergegenstand, oder? Leider nein.

Der Ball ist so groß, dass Fritz ihn nicht verschlucken kann. Zudem kann er ihn durch die Öffnung gut greifen.

Der im Handel erhältliche Funstix ist ein Stöckchenersatz, der das Stöckchenspiel mit maximaler Sicherheit ermöglicht.

Stöckchen sind gefährlich!

Das Spiel mit dem Stöckchen birgt erhebliche Risiken für deinen Hund: Du startest das Spiel, indem du einen Stock aufhebst. Dein Hund springt begeistert um dich herum. Endlich geht es los, du wirfst den Stock, dieser fliegt weit weg. Sofort rennt dein Hund hinterher, um sich so schnell wie möglich das Stöckchen zu schnappen. Wenn es nun gut läuft, landet der Stock auf dem Boden und bleibt dort liegen. Dein Hund kommt an der Stelle an und muss vielleicht noch kurz suchen, um den Stock aufzunehmen und ihn dir zu bringen. Wenn es aber schlecht läuft, landet der Stock mit einem Ende im Boden, das andere ragt nach oben in die Luft. Dein schnell rennender Hund ist direkt hinter dem Stock und schnappt im Augenblick der Landung zu. Die Gefahr, dass der Stock sich nun tief in den Rachen deines Hundes bohrt und diesen regelrecht pfählt, ist dabei sehr groß. Solche Verletzungen sind extrem schmerzhaft, schwer zu behandeln und können tödlich enden.

Wenn so ein Unfall passiert, entferne den Stock NIEMALS selbst! Stabilisiere deinen Hund und bringe ihn sofort in die Tierarztpraxis.

Aber auch bei weniger dramatischen Szenarien gibt es Gefahren:

- Beim gemeinsamen Spiel mehrerer Hunde können sich die Hunde durch die spitzen Enden der Stöcke Verletzungen an den Augen oder am Körper zuziehen.
- Hunde, die auf Stöckchen herumkauen, können Splitter verschlucken, die zu inneren Verletzungen, Abszessen oder sogar zur Darmperforation führen.

Das Spiel aus Sicht des Hundes

Doch es gibt noch einen weiteren Grund, warum du auf das Stöckchenspiel lieber verzichten solltest. Dazu schauen wir uns einmal an, wie dein Hund dein Handeln beim Stöckchenspiel empfindet:
Mitten auf dem Spaziergang bleibst du plötzlich stehen und schaust dich um. Dein Hund beobachtet dich interessiert. Du hebst etwas scheinbar „Besonderes" auf und startest damit ein Beutespiel mit deinem Hund. Dein Hund geht begeistert auf dein Spielangebot ein und bringt den Stock immer wieder. Problemlos findet er genau diesen einen Stock sogar mitten im Wald unter zig anderen Stöcken. Er riecht genau, an welchem der Stöcke sich dein Geruch befindet. Nach einiger Zeit beendest du das Spiel, indem du den Stock einfach wegwirfst. Für deinen Hund ist das völlig unlogisch! Niemals würde er SEINE Beute liegenlassen, denn dann könnte ja ein anderer Hund sie finden und mitnehmen! Viele Hunde rennen daher zurück, holen den Stock und tragen ihn nicht selten stolz bis nach Hause. Manche Hunde haben im Garten eine regelrechte Sammlung angehäuft, denn wertvolle Beute lässt man nicht einfach zurück.

Freier Zugriff auf die Beute

Problematisch beim Apportiertraining mit Stöcken ist außerdem, dass der Hund freien Zugriff auf diese Beute hat. Stöcke liegen überall herum, der Hund kann sich jederzeit selbst bedienen. Damit hast du keine Kontrolle mehr über die Beute und kannst eine der wichtigsten Grundlagen für ein gutes Apportiertraining nicht umsetzen: Du startest das Apportierspiel, nicht dein Hund. So verliert das gemeinsame Spiel an Wert und dein Hund lernt, eigenständig zu agieren. Das kann langfristig zu unerwünschtem Verhalten und weniger Kooperation führen.

Es geht auch anders – und sicherer!

Zum Glück gibt es mittlerweile viele sichere Alternativen zum Stöckchen, die aufgrund der länglichen Form ähnliche Eigenschaften besitzen:

- ein Stück alter Gartenschlauch
- spezielle Apportier-Stöcke aus Gummi oder weichem Material
- hochwertige Apportierspielzeuge wie der Funstix

Mach dir daher also die Mühe, neben den anderen Utensilien, die du auf den Spaziergang mit deinem Hund mitnimmst, auch ein Spielzeug einzupacken. Mittlerweile gibt es viele geeignete Gegenstände in jeglicher Größe, sodass sie auch in jede Tasche passen. Und wenn du ohnehin eine Umhängetasche oder einen Rucksack für Wasser oder Erste-Hilfe-Utensilien dabeihast, dann ist auch noch Platz für ein, zwei spannende Beuteobjekte.

Hast du einen Rucksack oder eine Tasche dabei, kannst du deinen Apportiergegenstand darin während des Spaziergangs verstauen.

Dummys – mehr als nur gefüllte Säckchen

Ursprünglich für das gezielte Training von Retrievern entwickelt, erfreuen sich Dummys heute großer Beliebtheit, und das weit über die Jagdhunde-Szene hinaus. Dank unzähliger Varianten in Größe, Gewicht, Form und Funktion kannst du sie je nach Alter, Motivation oder Zielsetzung deines Trainings mit deinem Hund einsetzen.

Standarddummys – der Klassiker

Retriever wurden ursprünglich dafür gezüchtet, geschossenes Wild, vor allem Enten, aus dem Wasser zu apportieren. Dabei kommt es nicht nur auf ihre Apportierfreude, sondern auch auf ihre Kooperationsbereitschaft an. Der Hund muss genau beobachten, wo eine Ente ins Wasser fällt und sich diese Fallstelle merken. Auf die Signale des Jägers soll er gezielt zu einer Stelle laufen, da dort möglicherweise ein verletztes oder totes Tier liegt. Bis ein Hund all diese Fähigkeiten sicher beherrscht, braucht es viele Stunden kleinschrittigen Trainings. Dafür nutzt der Jäger spezielle Apportierobjekte, sogenannte Dummys, als tierschonende Alternative zum Wild.
Der Standarddummy ist hierfür wie gemacht: Er entspricht in Größe und Gewicht (500 Gramm) ungefähr einer Ente und ist durch seinen Leinenstoff und die Granulatfüllung schwimmfähig, ideal für Übungen an Land und im Wasser.
Die klassische Ausführung besitzt eine Kordel mit Wurfgriff, mit der sich der Dummy leicht weit werfen lässt. Beim Wurf fliegt er in einer bogenförmigen Flugbahn und simuliert dabei eine Ente, die im Flug geschossen wird und auf dem Wasser landet. Für besonders weite Würfe gibt es sogenannte „Speeddummys", bei denen die Wurfkordel durch eine lange Schleuderschnur ersetzt wurde. Damit erreichst du deutlich größere Distanzen ohne zusätzliche Kraftaufwendung.

DUMMYS AUF PRÜFUNGEN

Planst du eventuell, mit deinem Hund an offiziellen Dummyprüfungen oder Workingtests teilzunehmen, solltest du darauf achten, dass er irgendwann lernt, Standarddummys zu tragen. Denn nur diese sind dort zugelassen.

Tragen mit weichem Maul

Retriever müssen von Anfang an lernen, ihre Beute vorsichtig zu tragen, schließlich möchte der Jäger die apportierte Ente später noch essen. Drückt der Hund beim Apportieren zu fest zu, kann es zu Druckstellen im Fleisch und Hautverletzungen kommen, und damit zu unbrauchbarem Wild. Diese Fähigkeit der Retriever nennt man „weiches Maul", und sie ist für das Dummytraining entscheidend. Packt der Hund einen Dummy zu fest oder kaut darauf herum, entstehen schnell Löcher, aus denen die Füllung herausrieselt. Der Dummy ist dann nicht mehr verwendbar für das Training. Neigt dein Hund dazu, beim Apportieren kräftig zuzubeißen oder auf dem Gegenstand zu kauen, nutze besser ein Jute-Bringsel oder ein Vollgummi-Apportel. Diese Materialien sind robuster und damit langlebiger.
Gerade zu Beginn fällt es vielen Hunden schwer, einen Standarddummy so zu tragen, dass sie ihn während des Apports nicht verlieren. Die Länge, das Gewicht und die Form machen das Balancieren anfangs herausfordernd, besonders für junge Hunde oder Trainingseinsteiger. Starte das Apportiertraining dann erst einmal mit einem kleineren, leichteren Dummy, den dein Hund sicher greifen und gut halten kann.

Auf Workingtests und Dummyprüfungen sind Futterbeutel nicht erlaubt. Der Hund muss lernen, einen Dummy zu bringen.

Die Dummyrolle eignet sich für Welpen, da sie leicht ist, aber dennoch so lang, dass der Welpe sie gut ausbalancieren kann.

Welpen- und Junghundedummys

Für Welpen und Junghunde gibt es spezielle Dummys, die deutlich leichter sind als die Standardversion, und sich auch für das Training kleinerer Hunde oder für das Anfängertraining eignen. Sie wiegen zwischen ca. 100 und 250 Gramm und sind ideal für den Einstieg ins Apportiertraining.
Ein besonderes Merkmal der Welpendummys ist ihre gleichmäßige, runde Form, sie haben kein abgeflachtes Ende wie die Standarddummys. Zudem besitzen sie weder eine Wurfkordel noch eine Schnur zum Schleudern.

Das hat gleich mehrere Vorteile:
- Sie lassen sich vom Welpen leicht mittig greifen.
- Sie sind nicht zu schwer oder sperrig für das kleine Welpenmaul.
- Sie sorgen für weniger Ablenkung beim Apportieren.

Denn mal ehrlich: Ein Dummy mit Band oder Kordel, das ist für einen Welpen häufig einfach zu verlockend! Wer will schon brav apportieren, wenn man den Dummy am Zipfel packen und wild durch die Gegend schleudern kann? Das Fehlen der Wurfkordel ist zudem kein Nachteil, denn weite Würfe sind beim Welpentraining ohnehin nicht sinnvoll, da der junge Hund sie meist noch gar nicht verfolgen kann.

Suchendummys

Noch kompakter als die Welpenvariante ist der Suchendummy. Mit einem Gewicht von gerade einmal 80 Gramm ist er besonders leicht und aufgrund seiner geringen Größe perfekt für die Nasenarbeit. Im hohen Gras verschwindet er beinahe vollständig, dein Hund muss sich beim Finden ganz auf seinen Geruchssinn verlassen. Das macht ihn zum idealen Gegenstand für das Training der Suche (siehe S. 144 ff.).

Labrador Hündin Gwennie entscheidet sich immer für die Dummy-Ente, wenn sie die Wahl hat.

Aber auch bei anderen Apportierübungen lässt sich der Suchendummy hervorragend einsetzen, egal, ob zu Hause oder unterwegs. Zudem hat er einen praktischen Nebeneffekt: Wer mit einem fortgeschrittenen Hund trainiert, hat oft gleich sechs, acht oder mehr Dummys dabei, und da zählt für viele jedes Gramm! Mit Suchendummys im Rucksack reduzierst du das Gewicht, ohne dabei auf Trainingsqualität verzichten zu müssen.

Spezialformen: Dummy Ball, Dummy Ei, Dummy Ente

Dummys gibt es längst nicht mehr nur in der klassischen länglichen Form. Mittlerweile findest du im Handel auch zahlreiche Sonderformen, die das Apportiertraining spannender und realistischer gestalten:

- Dummy Ball (meist mit Schnur, für extra Dynamik beim Wurf)
- Dummy Ei (oval, unberechenbar in der Bewegung)
- Dummy Ente (in Form und Größe an echtes Federwild angelehnt)

Für das Training von Jagdhunden bieten Dummy Ei und Dummy Ente noch einen weiteren Vorteil: Sie helfen dem Hund zu lernen, das Wild richtig zu greifen. Denn der Hund soll die Ente am Körper aufnehmen und nicht am Hals oder Kopf, da diese Körperteile beim echten Tier leicht abreißen können. Er muss also lernen, den dicken Teil der Dummy-Ente mit dem Maul zu greifen, obwohl der Kopf verführerisch herunterhängt und lustig hin und her schwingt.

Grüne oder orange Dummys kann der Hund in der grünen Wiese nicht gut erkennen, blaue oder weiße sind für ihn von weitem sichtbar.

Farben – nicht nur eine Frage des Designs

Standarddummys, wie sie bei Prüfungen eingesetzt werden, sind meist grün, damit der Hund die Dummys in der grünen Wiese nicht schon auf große Distanz erkennen kann. Denn schließlich soll er sich zum einen merken, wo die Dummys liegen, und zum anderen an der Fallstelle seine Nase einsetzen.
Im Training greifen viele Menschen aber auch gern zu orangefarbenen Dummys, und das hat einen guten Grund: Wir Menschen sehen Orange hervorragend auf Grün. Der Dummy ist also leichter zu finden, falls der Hund Unterstützung braucht oder den Dummy nicht findet.
Aber keine Sorge, für deinen Hund sieht Orange fast genauso aus wie Grün, er hat also keinen Vorteil dadurch. Aufgrund seines eingeschränkten Farbsehens nimmt er orangefarbene Dummys in der Wiese kaum besser wahr als grüne.

Durchdachter Einsatz im Training

Das Wissen über das Farbsehen deines Hundes kannst du im Apportiertraining ganz konkret nutzen, vor allem bei der Wahl der Dummyfarbe. Soll dein Hund beim Apportieren seine Nase einsetzen, z. B. beim Suchen im hohen Gras, dann wähle am besten grüne, rote oder orangefarbene Dummys. Dein Hund nimmt diese Farben in der grünen Wiese kaum visuell wahr. Er „sieht" den Dummy also nicht, sondern muss ihn erschnüffeln.
Soll er aber z. B. lernen, sich die Fallstelle eines Dummys zu merken, z. B. bei Markieraufgaben (siehe S. 141 f.), dann greife zu blauen oder weißen Dummys. Diese heben sich deutlich von der Umgebung ab, und dein Hund kann sie schon während des Wurfs gut erkennen und orten, auch wenn er dann auf dein Signal dahin läuft.
Mit der richtigen Farbwahl des Dummys kannst du also steuern, ob dein Hund eher visuell oder olfaktorisch arbeitet.

WIE HUNDE FARBEN SEHEN

Hunde sehen die Welt in anderen Farben als wir Menschen. Ihr Farbsehen ist eingeschränkt, aber keineswegs schwarz-weiß. Doch woran liegt das unterschiedliche Sehvermögen? Die Netzhaut des Hundes enthält im Gegensatz zur menschlichen ein höheres Verhältnis von Stäbchen zu Zapfen.

- Stäbchen sind für Hell-Dunkel-Kontraste und das Sehen bei Dämmerlicht zuständig
- Zapfen ermöglichen das farbige Sehen bei Tageslicht

Da der Hund viele Stäbchen besitzt, ist sein Auge optimal an das Dämmerungssehen angepasst, ideal für dämmerungsaktive Tiere wie ihn. Tagsüber sind die Zapfen der Netzhaut für das farbige Sehen zuständig. Da aber von diesen deutlich weniger als von den Stäbchen vorhanden sind, sieht der Hund wahrscheinlich ein kräftiges Pink als pastelliges Rosa.
Der Mensch besitzt drei unterschiedliche Zapfentypen für die Farben Rot, Grün und Blau. Daraus erzeugt unser Gehirn ein vollfarbiges Bild der Welt. Der Hund hingegen besitzt nur zwei Zapfentypen, ihm fehlen Zapfen für die Farbe Rot. Der Hund kann daher die Farbe Rot nicht erkennen. Das Farbsehen des Hundes ist damit in etwa vergleichbar mit dem eines Menschen mit einer Rot-Grün-Blindheit, sodass ein rotes Dummy in der grünen Wiese mit dem Hintergrund verschmilzt.

Der am Dummy befestigte Streamer hilft Gwennie, den Flug des Dummys genau zu beobachten.

KONTRASTE BEACHTEN – DER HINTERGRUND ZÄHLT!

Wenn dein Hund die Flugbahn eines Dummys verfolgen und sich die Fallstelle merken soll, ist nicht nur die Farbe des Dummys entscheidend, sondern auch der Hintergrund, vor dem du wirfst. Verwendest du einen dunkelgrünen Dummy, den du vor einem dicht bewaldeten, ebenfalls dunkelgrünen Hintergrund wirfst, verschmilzt der Dummy für deinen Hund mit dem Hintergrund. Er kann die Flugbahn kaum wahrnehmen und wirkt im Training vielleicht unkonzentriert, dabei hat er den Dummy einfach nicht sehen können. Setze daher gezielt auch unterschiedlich helle Grüntöne beim Training ein.

Dummy Streamer – Hilfe beim Markieren

Gerade zu Beginn des Apportiertrainings muss dein Hund erst noch lernen, die Flugbahn des Dummys zu verfolgen und sich die Fallstelle zu merken. Einige Hunde haben anfangs Schwierigkeiten damit, sie vermuten den Dummy viel weiter vorn oder laufen zu weit über den Dummy hinweg. Hierbei helfen Dummy Streamer, flatternde Bänder, meist in weiß oder schwarz-weiß, die du am Dummygriff befestigen kannst. Wirfst du den Dummy, bewegen sich die Bänder beim Flug auffällig in der Luft, zudem ist ein deutliches Flattergeräusch hörbar. Gerade bei jungen Hunden, Anfängern oder ungünstigen Trainingsbedingungen wie dunklem Gelände oder diffusem Licht können Dummy Streamer wahre Gamechanger beim Aufbau der Markierfähigkeit sein.

Golden Retriever Sulley fliegt ins Wasser, wenn er seinen Leuchtturm apportieren darf.

Gegenstände für den Apport im Wasser

Auch wenn alle Dummys grundsätzlich schwimmfähig sind, gibt es spezielle Varianten, die extra für das Wassertraining konzipiert wurden. Diese bestehen meist aus Kunststoff, sodass du sie nach dem Training einfach abtrocknen kannst und nicht, wie Dummys aus Leinen, erst noch stundenlang trocknen musst. Einige Wasserdummys verfügen über ein Ventil, über das man sie mit Wasser füllen kann. Dadurch liegen sie tiefer im Wasser und sind vom Hund schwerer wahrzunehmen. Der Hund muss also genauer hinschauen und konzentrierter suchen. Das simuliert den realistischen Fall einer im Wasser treibenden, toten Ente, die ebenfalls für den Hund nur schwer sichtbar ist. Ein ganz besonderes Highlight für das Wassertraining ist der sogenannte Leuchtturm. Er richtet sich nach dem Eintauchen ins Wasser auf. Daher ist er für deinen Hund auch aus größerer Distanz sichtbar und eine gute Hilfe, wenn du das Einweisen im Wasser üben willst. Er eignet sich auch perfekt für unruhiges Wasser, z. B. am Meer, da dein Hund ihn auch bei kleineren Wellen immer gut im Blick behalten kann.

Holz-Apportel gibt es in vielen unterschiedlichen Größen, hier bringt Lotte ein mittelgroßes.

Apportel im Hundesport

In Hundesportarten wie z. B. Obedience wird das Apportieren spezifischer Apportel verlangt. Diese bestehen entweder aus Holz, Kunststoff oder Metall. Alle Apportel sind gleich aufgebaut: Seitliche Verdickungen sorgen dafür, dass der Hund das Apportel automatisch mittig an der Stange aufnimmt.

Holzapportel

Die meisten Hunde nehmen ein Holzapportel recht gern ins Maul. Der natürliche Werkstoff fühlt sich angenehm an den Zähnen an und er erinnert manche Hunde vielleicht auch an frühere Beiß- oder Kauspielzeuge wie eine Kauwurzel. Der Nachteil ist jedoch, dass Holz eben leichter zerbissen werden kann, besonders wenn dein Hund sehr fest greift oder das Apportieren noch nicht zuverlässig erlernt hat.

Kunststoffapportel

Ein Apportel aus Kunststoff ist deutlich robuster und weniger anfällig in Bezug auf Zerbeißen durch zu festes Zugreifen. Dafür empfinden viele Hunde den harten, glatten Kunststoff als unangenehm, was die Motivation beim Training durchaus dämpfen kann.

Labradoodle Lotte bringt jedes Apportel, egal wie groß es ist oder aus welchem Material es besteht.

Metallapportel

Das Metallapportel stellt für viele Hunde eine echte Herausforderung dar. Es ist kalt und fühlt sich fremd und unangenehm im Maul an. Halte den Metallsteg daher gerade bei niedrigen Temperaturen eine Zeitlang in deiner Hand, um das Apportel etwas anzuwärmen. Bei Minustemperaturen solltest du auf das Training damit verzichten. Wenn du vorhast, in einer Disziplin zu starten, die den Metallapport verlangt, lohnt es sich, bereits im Welpenalter spielerisch mit dem Training zu beginnen. Mach deinen Welpen dazu auf das Apportel aufmerksam, indem du es ein kleines Stück wirfst. Freue dich, wenn er es spontan aufnimmt und belohne ihn mit einem besonders schmackhaften Leckerli.

Trainingstipp für empfindliche Hunde

Will dein Hund das Metallapportel nicht aufnehmen, versuche Folgendes:

— Wickle den Steg mit weichem Stoff (z. B. selbstklebender Fixierbinde) ein.
— Reduziere die Umwicklung schrittweise, bis dein Hund das Apportel ohne Stoff aufnehmen kann.

Bestätige deinen Hund für jede Annäherung und jedes Aufnehmen mit einer von ihm begehrten Belohnung, damit er das Apportel positiv verknüpft. Verzichte in jedem Fall auf Zwang oder Strafe, denn Vertrauen und Freude am Training sollen immer über Prüfungszielen stehen.

Lotte ist ein Obedience-Profi: Das Apportieren des Metall-Apportels muss sie für die Teilnahme an Prüfungen beherrschen.

Auch kleine Hunde, wie die Malteser Hündin Mayla, haben Spaß am Apportiertraining! Mit Freude bringt Mayla …

Futterbeutel und Co

Der Futterbeutel ist mittlerweile wohl einer der beliebtesten Apportiergegenstände überhaupt. Kein Wunder, er verbindet Apportiergegenstand und Belohnung in einem einzigen Trainingsobjekt. Wie funktioniert das Training mit dem Futterbeutel?

- Der Beutel wird mit Leckerlis oder Futter gefüllt.
- Dein Hund apportiert ihn.
- Du öffnest den Beutel nach dem Zurückbringen und belohnst deinen Hund direkt aus dem Beutel. So lernt dein Hund, dass er nur an das Futter kommt, wenn du den Beutel öffnest.

Was macht einen guten Futterbeutel aus?

- Reißfestes Außenmaterial: Für Hunde, die doch mal fester zupacken!
- Reißverschluss mit Schutzlasche, meist per Klett verschlossen: Für wilde Spiele im Matsch!
- Größenvielfalt: Für jeden Hund die passende Größe!
- Gegebenenfalls innen beschichtet: Für Nassfutter geeignet!

Viele Hunde finden das Training mit dem Futterbeutel besonders spannend, schließlich tragen sie dabei ihre Belohnung direkt vor der Nase! Doch an das Futter kommen sie nicht selbstständig heran,

...den Futterbeutel zu Martin.

das sorgt für Motivation und Spannung beim Training und der Hund beschäftigt sich von sich aus intensiv mit dem gefundenen Beutel. Diesen Ansatz kannst du nutzen, um in kleinen Schritten das Apportieren des Futterbeutels aufzubauen (siehe S. 72 ff.).
So clever der Futterbeutel auch ist, für viele Hunde wirkt er nach dem Werfen eher „leblos". Denn er fliegt zwar, besonders mit langer Schnur, oft beachtlich weit, doch sobald er den Boden berührt, ist die Bewegung vorbei. Kein Hüpfen, kein Rollen, kein „Leben" mehr, nur ein einfaches „Plopp". Für Hunde, die auf bewegte Beute reagieren, kann das die Motivation im Training dämpfen, sodass sie zwar hinterherrennen, den Beutel dann jedoch liegenlassen.

Vorsicht beim Training mit dem Futterbeutel

Auch wenn der Einsatz eines Futterbeutels oft sinnvoll ist, kann er bei sehr futtermotivierten Hunden zur echten Gefahr werden. Rassen wie z. B. die Retriever sind oft besonders gierig, wenn es um Futter geht. Und was passiert, wenn sie das Futter nicht selbst herausholen können? Sie versuchen nicht selten, den ganzen Beutel zu verschlingen. Frei nach dem Motto: *„Wenn ich nicht drankomme, dann esse ich es eben ganz!"*
Je kleiner der Futterbeutel ist, desto leichter kann er verschluckt werden. Wähle ihn daher zu Beginn des Trainings nicht zu klein! Verwende zudem zu Beginn immer eine Schleppleine, um deinen Hund kontrollieren zu können. So kannst du schnell reagieren, wenn dein Hund versucht, den Beutel aufzureißen oder ihn herunterzuschlucken.
Hat dein Hund gelernt, den Beutel zuverlässig zu bringen, kannst du nach und nach auch kleinere Modelle ins Training integrieren.
Hat dein Hund einen Futterbeutel ganz oder teilweise gefressen, suche sofort die Tierarztpraxis mit ihm auf. Warte nicht ab, denn es kann sonst im Verdauungstrakt deines Hundes zu lebensgefährlichen Problemen kommen.
Auch wenn viele Hunde den Futterbeutel lieben, solltest du mit deinem Welpen zu Beginn des Apportiertrainings erst einmal andere Gegenstände verwenden, da zu viel Fokus auf Futter deinen jungen Hund schnell überdrehen kann. Zudem ist beim Welpen, das Risiko, dass er den Beutel herunterschluckt, noch größer als beim erwachsenen Hund. Und dein Welpe soll ja erst einmal lernen, dass es viele unterschiedliche Spielmöglichkeiten mit dir gibt, und nicht nur die „Beute mit Belohnung" wichtig ist.
Greife daher zu Beginn lieber zu einer bunten Mischung an Objekten, nutze kleine Dummys, weiche Stofftiere, leichte Tau-Spielzeuge oder auch einfach ein zusammengerolltes Paar Socken! So bleibt dein Training abwechslungsreich.

Whippet Desmond lernt das Apportieren eines Rinderohrs, das ein Stück aus dem Futterbeutel ragt.

Die Terrier-Mischlingshündin Bimba beherrscht das Apportieren eines Rinderohrs bereits perfekt!

Rinderohren, Brötchen und Bockwurst

Das Apportieren von Lebensmitteln ist für viele Mensch-Hund-Teams eine echte Herausforderung. Denn während die Aufgabe beim Futterbeutel für den Hund noch logisch erscheint, wirkt das Zurückbringen von Nahrung für den Hund erst einmal völlig absurd. Aber auch in der Natur wird nicht alles sofort gefressen! Und auch viele Haushunde fressen, genau wie ihre wilden Vorfahren, Beute nicht immer direkt vor Ort! Oft wird sie zunächst weggetragen, um sie in Sicherheit zu bringen und dort in Ruhe genießen zu können. Dies kannst du dir im Training zunutze machen.

Je größer und härter das Lebensmittel, desto schwieriger kann es dein Hund einfach herunterschlucken und desto leichter fällt es ihm in der Regel, es dir zu bringen.

Nahrung verpackt

Wenn du deinem Hund das Apportieren von Nahrung beibringen willst, sollte dieser das Apportieren generell bereits erlernt haben (siehe S. 82 ff.). Hilfreich ist zudem, wenn du vorab auch das Apportieren mit dem Futterbeutel aufgebaut hast, denn dabei bringt dein Hund bereits Futter, allerdings noch verpackt im Futterbeutel. Damit dein Hund lernt, ein Rinderohr zu apportieren, kannst du es anfangs in den Futterbeutel hineinlegen, lässt aber eine Ecke herausschauen. Erst wenn dein Hund dir das Ohr im Futterbeutel entspannt bringt, startest du die Apportierübung mit dem unverpackten Rinderohr. Nutze dabei die gleichen Signale und den gleichen Aufbau wie bei deinen üblichen Apportierübungen. Führe die Übung sicherheitshalber an Schleppleine und Geschirr durch, sodass du deinem Hund das Ohr wieder wegnehmen kannst, wenn er sich genüsslich damit hinlegen sollte, um es zu fressen, anstatt es dir zu bringen. Gehe dann einen Schritt im Training zurück und übe das Apportieren des Rinderohrs erst einmal noch mithilfe des Futterbeutels.

Impulskontrolle der besonderen Art: Working Kelpie Rüde Journo muss ruhig sitzen bleiben, während Martin die Bockwurst für die danach folgende Apportierübung auslegt.

Journo widersteht der Versuchung, die Bockwurst zu fressen. Brav bringt er sie zu Martin zurück.

Wenn es um die Wurst geht

Um eine Bockwurst zu apportieren, muss dein Hund sehr vorsichtig tragen können. Beginne das Training daher nicht gleich mit der „empfindlichen" Bockwurst, sondern mit einer dickeren, kürzeren Bratwurst. Sie ist stabiler und verzeiht kleine Anfängerfehler eher. Auch bei sehr vorsichtigen Hunden kann es passieren, dass die Bockwurst beim Tragen reißt oder in der Mitte durchbricht. Manchmal verschwindet sie auf dem Rückweg auch ganz oder teilweise im Hund. Und ganz ehrlich? Wer kann da schon böse sein, wenn der Blick deines Hundes so etwas sagt wie: *„Ich wollte sie wirklich bringen, ehrlich! Aber … sie war auf einmal weg."*
Verwende ausschließlich Nahrungsmittel, die für deinen Hund gesund und unbedenklich sind!

Felldummys sollten nur für die jagdliche Ausbildung genutzt werden, für alle anderen Zwecke gibt es viele alternative Gegenstände.

Wild und Wildersatz

Wild, also Kaninchen, Ente, Reh & Co., ist für viele Hunde die Ursprungsnahrung schlechthin. Der Reiz, Wild zu verfolgen und zu erbeuten, liegt bei vielen Hunden tief verwurzelt in den Genen. Doch die meisten Hunde leben heutzutage in der Familie. Und da muss man sich ganz ehrlich die Frage stellen: *„Muss ein Hund wirklich Wild oder Fellspielzeug bringen, um Spaß am Apportieren zu haben?“*

Dummys mit Fell

Im Handel gibt es sogenannte Felldummys, also Apportiergegenstände, die mit einem echten Fellstück versehen sind. Sie sollen das „reale Jagderlebnis“ imitieren und den Reiz steigern. Aber Fakt ist: Auch für ein Felldummy musste ein Tier sterben. Dabei ist die Auswahl an Alternativen riesig, Hunde brauchen kein Felldummy, um motiviert zu apportieren!

Auch wenn die meisten Hunde heutzutage (noch) mit Fleisch oder fleischbasiertem Futter ernährt werden, allein schon deshalb, weil das Angebot von veganen Alternativen noch sehr begrenzt ist, heißt das nicht, dass auch im Training unbedingt echte tierische Materialien verwendet werden müssen.

Wenn du also nicht gerade mit einem ausgebildeten Jagdhund (bzw. einem Jagdhund in Ausbildung) arbeitest, gibt es keinen Grund, auf Wild oder Fellspielzeug zurückzugreifen. Die Vielfalt an Apportiergegenständen ist so groß, dass du garantiert etwas findest, das deinen Hund begeistert, ohne dass dafür ein Tier sein Leben lassen muss.

Die Schleppleine ist ein wichtiges Hilfsmittel für die ersten Übungen beim Apportiertraining.

Weiteres Zubehör für dein Apportiertraining

Natürlich steht der Apportiergegenstand im Mittelpunkt deines Trainings. Aber wenn du sinnvoll und strukturiert trainieren willst, gibt es ein paar Tools, die dir das Leben deutlich leichter machen.

Schleppleine

Insbesondere beim Apportiertraining kann eine Schleppleine zu Beginn des Trainings wahre Wunder wirken. Sie gibt dir die Sicherheit, dass dein Hund sich nicht mit der Beute entfernt. Denn was machst du dann? Einfangen wirst du ihn mit Sicherheit nicht. Du müsstest also warten, bis dein Hund das Interesse an seiner Beute verliert, oder diese, falls es sich um Nahrung handelt, aufgefressen hat. Du hast mithilfe der Schleppleine also jederzeit Zugriff auf deinen Hund und kannst ihn begrenzen, wenn er mit dem Dummy weglaufen will, oder zu ihm hingehen, wenn er versucht, den Futterbeutel zu öffnen. Die Schleppleine soll für deinen Hund jedoch keine unangenehme Einwirkung darstellen. Ziehe deinen Hund niemals mithilfe der Schleppleine zu dir heran, damit du ihm dann den Gegenstand abnehmen kannst. Selbst wenn du ihn für die Abgabe belohnst, war der vorherige Zug durch die Leine für ihn erst einmal ein unangenehmer und damit bestrafender Reiz.

Schleppleine immer am Geschirr

Nutze die Schleppleine beim Apportiertraining immer nur mit einem gut sitzenden Geschirr, damit keine Einwirkung auf den Hals entsteht, wenn dein Hund doch einmal mit voller Wucht in die Leine rennt.

Pfeife

Insbesondere beim Dummytraining, bei dem du deinem Hund auf weite Distanz die Richtung weisen musst, ist eine Pfeife dein wichtigstes Hilfsmittel.

Was du mit der Pfeife sagen kannst:

— Rückruf: „Komm zurück!" → S. 135 f.
— Stopp: „Bleib stehen und warte!" → S. 138
— Such: „Nimm jetzt die Nase runter und beginne zu suchen!" → S. 158 f.

Eine Pfeife ist sowohl auf weite Distanz als auch unter Ablenkung deutlich hörbar. Du musst nicht schreien oder hektisch rufen, damit dein Hund auf dich aufmerksam wird und versteht, was du von ihm willst.
Wähle am besten eine Pfeife in einer bestimmten Tonlage, die du ersetzen kannst, falls du sie einmal verlierst. Sind mehrere Familienmitglieder mit dem Hund unterwegs, kann jeder seine eigene Pfeife haben, und dennoch bleibt das Signal für euren Hund immer gleich.
Eine für den Menschen „lautlose" Pfeife, also eine Pfeife im hohen Ultraschall-Frequenzbereich, eignet sich für das Apportiertraining eher nicht. Reagiert dein Hund nicht auf den Pfiff, weißt du nie, ob die Pfeife versagt hat oder dein Hund den Pfiff und damit dich ignoriert.

Dummyweste und Tasche

Mit einer Dummyweste oder Dummytasche hast du alle Trainingsobjekte griffbereit, freie Hände, um die Pfeife zu benutzen, deinem Hund die Richtung anzuzeigen oder ihn zu belohnen, und die Möglichkeit, den Gegenstand direkt zu verstauen, sobald dein Hund ihn dir gebracht hat. Denn wenn du den Gegenstand nach dem Bringen einfach auf den Boden legst, kann dein Hund auf die Idee kommen, sich damit zu beschäftigen, anstatt dem Training weiter konzentriert zu folgen.

Sichthilfen

Mach dich für deinen Hund sichtbar – auch aus großer Entfernung!
Wenn dein Hund auf große Distanz arbeitet, ist klare Kommunikation mithilfe der Körpersprache das A und O, besonders beim Einweisen nach rechts, links oder weiter nach hinten (S. 154 ff.).
Stehst du beim Signalgeben vor einem dunklen Wald und trägst vielleicht noch dunkle Kleidung, dann bist du für deinen Hund auf Entfernung kaum zu erkennen. Dein Körper verschmilzt mit dem Hintergrund, und dein Signal kommt gar nicht richtig an.
Nutze z. B. ein weißes Taschentuch oder eine helle Signaltafel oder trage bewusst helle Ärmel oder Stulpen. So wird jede Bewegung klar und kontrastreich wahrnehmbar für deinen Hund.

Kirsten signalisiert Lotte mit einem langen Pfiff, sich dort, wo sie sich gerade befindet, hinzusetzen.

Die weiße Karte hilft Nelly, das Signal von Andrea, die vor dem dunklen Baum kaum sichtbar ist, zu sehen.

Andrea schickt Gwennie mit dem Hör- und Sichtzeichen „Voran" zum Einweise-Stab, an dem der Dummy liegt.

Aber Achtung, das funktioniert nur, wenn der Hintergrund tatsächlich dunkel ist. Stehst du z. B. vor einer hellen Wiese oder im Schnee, sind weiße Signalhilfen wenig hilfreich. In dem Fall solltest du besser zu dunklen oder kräftigen Farben greifen!

Sichthilfen für deinen Hund

Im Dummytraining sind nicht nur deine Signale entscheidend, es ist auch wichtig, ob dein Hund versteht, wohin er gehen soll. Gerade beim Einweisen auf gerader Linie (siehe S. 152 ff.) ist eine optische Orientierungshilfe für deinen Hund Gold wert. Schon kleine Geländemerkmale wie ein Pfosten auf der Wiese, ein Baumstumpf oder ein markanter Grashalmhügel können deinem Hund helfen, einen Fixpunkt zu finden.
Ist kein natürliches Ziel vorhanden, kannst du Markierstäbe einsetzen. Diese etwa 50 cm langen Kunststoffstäbe aus weißem oder hellgrauem Plastik werden mit einem Erdnagel in die Erde gespießt. Dein Hund orientiert sich visuell am gut sichtbaren Markierstab, besonders beim Start. Ein klar erkennbarer Punkt hilft ihm dabei, fokussiert und gerade in die gewünschte Richtung zu laufen.

Trainings-aufbau

Lernen mit Freude und Erfolg

Durchdachter Trainings-aufbau

Damit dein Hund das Apportieren erfolgreich und begeistert lernt, ist ein durchdachter Trainingsaufbau entscheidend. Denn Hunde lernen auf ganz unterschiedliche Weise und bei jeder Lernform sollte dein Hund sich wohlfühlen und Spaß haben.

Jede Trainingsmethode, die deinem Hund hierbei Schmerzen oder Unbehagen zufügt, ist nicht nur tierschutzrechtlich bedenklich, sondern auch moralisch und ethisch nicht zu vertreten. Dein Hund soll sich bei dir geborgen und verstanden fühlen, das Training soll euch beiden Freude machen und eure Beziehung stärken.
Für den erfolgreichen Aufbau neuer Verhaltensweisen brauchst du die klassische Konditionierung, bei der du z. B. ein Markerwort (Lobwort) aufbaust, aber auch später das Signalwort mit der erlernten Handlung verknüpfst. Aber auch die operante Konditionierung spielt eine wichtige Rolle, da du mit ihr gezielt neue Verhaltensweisen aufbauen, verstärken und festigen kannst. Beide Mechanismen wirken zusammen und sind, richtig angewendet, der Schlüssel für ein faires, erfolgreiches Training.

Klassische Konditionierung

Bei der klassischen Konditionierung lernt dein Hund, auf einen neuen Auslöser mit einem bestimmten Verhalten zu reagieren. Ursprünglich bezieht sich die Theorie der klassischen Konditionierung dabei auf angeborene Reflexe, wie z. B. das Speicheln beim Anblick von Futter. Du kannst dieses Prinzip jedoch auch auf die Verknüpfung von neu erlernten Verhaltensweisen mit Hör- oder Sichtzeichen anwenden.

Egal, ob Tricktraining oder Apportieren – der richtige Trainingsaufbau ist immer das Wichtigste beim Training mit deinem Hund!

Aufbau eines Markerwortes

Ein Markerwort (oder ein alternatives Markersignal wie z. B. das „Click“ eines Clickers) markiert punktgenau ein erwünschtes Verhalten deines Hundes und kündigt für ihn eine Belohnung an. Es bedeutet für deinen Hund: *„Das hast du gerade richtig gemacht, und gleich bekommst du etwas Tolles!“*

Damit dein Hund die Verknüpfung mit dem Markerwort versteht, musst du es zunächst konditionieren, und zwar mithilfe der klassischen Konditionierung. Wähle dafür ein möglichst kurzes Wort, das sich klar von deinen übrigen Signalwörtern unterscheidet, z. B. „Prima“. Sprich dieses Wort ruhig und deutlich aus und gib deinem Hund direkt im Anschluss ein besonders begehrtes Leckerli.

Wiederhole diesen Ablauf etwa 20 Mal. Nach einer kurzen Pause beginnst du einen weiteren Durchgang, idealerweise an einem anderen Ort, damit dein Hund das Markerwort unabhängig vom Umfeld lernt.

Hat dein Hund die Verbindung zwischen dem Wort und der Belohnung verstanden, kannst du das Markerwort gezielt im Training zur Bestärkung deines Hundes einsetzen. So zeigst du ihm ganz genau, dass er gerade, zu genau diesem Zeitpunkt, etwas richtig gemacht hat. Wichtig ist: Auf das Markerwort muss IMMER eine Belohnung folgen, nur so bleibt es für deinen Hund verlässlich.

Aufbau von Signalen

Auch beim Aufbau von Signalen nutzt du das Prinzip der klassischen Konditionierung. Hat dein Hund durch operante Konditionierung gelernt, ein bestimmtes Verhalten, wie z. B. das Hinsetzen, häufiger zu zeigen, wird dieses Verhalten mit der Zeit nahezu automatisch abgerufen. Nun verknüpfst du genau dieses Verhalten mit einem passenden Hörzeichen, etwa dem Wort „Sitz“. Indem du das Signal „Sitz“ und das Verhalten „Hinsetzen“ mehrfach miteinander kombinierst, lernt dein Hund: Das Wort „Sitz“ kündigt das gewünschte Verhalten an, und er wird es nach einiger Zeit auf dein Signal zuverlässig ausführen. Das Wort „Sitz“ ist damit zum neuen Auslöser für das Verhalten „Hinsetzen“ geworden.

Die Pfeife nutzt du beim Apportieren als Signal für eine Handlung und nicht als Markersignal.

Mithilfe der positiven Verstärkung lernt dein Hund das Apportieren schnell: Belohne jeden kleinen Schritt.

Training mit positiver Verstärkung

Die im modernen Hundetraining am häufigsten verwendete, und die mit Abstand sinnvollste Lernmethode, insbesondere beim Aufbau des Apportiertrainings, ist die positive Verstärkung. Sie sollte immer dann zum Einsatz kommen, wenn dein Hund ein neues Signal, ein neues Verhalten oder eine neue Beschäftigungsform erlernen soll. Wenn du deinen Hund für das Bringen eines Gegenstands mit Futter, Spiel oder Lob belohnst, lernt er, dass das Verhalten „Mit-Beute-Näherkommen" sich für ihn gelohnt hat. Das Spiel geht weiter, er bekommt eine Belohnung und er wird dieses Verhalten zukünftig häufiger zeigen, um weitere Belohnungen zu erhalten. So festigst du auf positive Weise das gewünschte Verhalten. Dieses Lernprinzip nennt man das Prinzip der positiven Verstärkung.

„Bei der positiven Verstärkung wird der Hund ein Verhalten zukünftig öfter zeigen, wenn nach dem Verhalten eine für ihn angenehme Konsequenz folgt."

Hunde, die (noch) keine Gegenstände tragen

Nicht jeder Hund liebt Spielzeug, nicht jeder Hund möchte Apportieren. Und das ist völlig okay. Manchmal braucht es aber auch einfach etwas mehr Geduld und Zeit.

Bevor du dich aber fragst, wie du deinem Hund das Apportieren beibringst, solltest du dich erst einmal fragen, warum du es ihm überhaupt beibringen willst. Jeder Hund hat individuelle Vorlieben. Dein Ziel ist es nicht, deinen Hund in eine Schablone zu pressen. Vielmehr musst du herausfinden, was ihn wirklich begeistert. Ein „Apportieren um jeden Preis" ist also wenig sinnvoll, denn Freude und nicht etwa Pflichtgefühl soll im Vordergrund eures Trainings stehen. Doch gerade Hunde aus dem Tierschutz oder aus schwierigen Verhältnissen haben vielleicht noch keine positiven Erfahrungen mit Spiel oder Training gemacht. Probiere also ruhig einmal aus, ob dein Hund nicht doch Spaß am Beutespiel entwickelt, auch wenn er anfangs unmotiviert erscheint. Manchmal entdeckt ein Hund erst mit dir seine Leidenschaften.

Die fünf Monate alte Mischlingshündin Lia rennt begeistert dem von Jane geworfenen Ball hinterher.

Apportieren hat Lia noch nicht gelernt. Sie möchte den Ball lieber selbst behalten und läuft damit weg.

Auf dem Spaziergang kannst du den Hund daran gewöhnen, dass die Schleppleine am Geschirr befestigt ist.

Einsatz von Geschirr und Schleppleine

Bevor du dich nun auf die Suche nach dem perfekten Apportiergegenstand für deinen Hund machst, solltest du ihn daran gewöhnen, ein Geschirr zu tragen, an dem eine fünf bis zehn Meter lange Leine befestigt ist. Denn vielleicht hast du ein Spielzeug ausgewählt, das dein Hund spontan so spannend findet, dass er es sich begeistert schnappt und damit wegläuft. Vor allem, wenn es sich um mit Futter gefüllte Beute wie den Futterbeutel handelt, ist die Gefahr groß, dass dein Hund selbstständig versucht, an das Futter zu gelangen.

Gewöhnung an die Schleppleine

Bevor das eigentliche Apportiertraining losgeht, kannst du deinen Hund z. B. während des täglichen Spaziergangs daran gewöhnen, ein Geschirr zu tragen und eine Leine hinter sich herzuziehen. Wähle dazu eine Leine, die keine Haken und Ösen hat, damit dein Hund nicht hängenbleibt und sich dadurch erschrickt. Reagiert er noch unsicher auf die hinter ihm her schleifende Leine, starte erst einmal mit einer kürzeren Leine, die gerade eben bis zum Boden reicht. Erst wenn er damit völlig entspannt bleibt, kannst du schrittweise längere Leinen nutzen. Dein Hund darf dann auf dem Spaziergang mal an längerer, mal an kürzerer Schleppleine laufen, den überschüssigen Teil der Schleppleine kannst du einfach auf dem Boden schleifen lassen oder in lockeren Schlaufen in der Hand tragen.

VORSICHT VOR VERBRENNUNGEN

Insbesondere bei sehr temperamentvollen oder kräftigen Hunden kann die Schleppleine schnell durch die Hände gleiten. Trage daher Handschuhe, um dich vor schmerzhaften Verbrennungen zu schützen. Und auch wenn du natürlich beim Training darauf achten wirst, dass sich die Leine nicht um deine Beine wickelt, kann es dennoch anfangs dazu kommen. Trage daher eine lange Hose, damit auch deine Beine geschützt sind, falls sich die Leine einmal verheddert.

Das solltest du beachten

Wenn du die Schleppleine im Apportiertraining nutzt, gibt es zwei ganz wichtige Regeln, die du beachten solltest:

1. Wirf niemals weiter, als die Schleppleine lang ist! Der Gegenstand muss immer innerhalb der Reichweite der Leine sein, damit dein Hund nicht plötzlich in die gespannte Leine läuft. Hast du dich doch einmal verschätzt, lässt du die Leine einfach los und sammelst das Ende danach dann wieder entspannt ein.
2. Tritt niemals auf die Leine, während dein Hund dem Gegenstand hinterherläuft! Der Ruck, der entsteht, wenn dein Hund in die plötzlich verkürzte Leine läuft, fühlt sich für ihn wie eine Korrektur an. Er könnte denken, dass das Hinterherlaufen gar nicht erwünscht war. Sein Vertrauen zu dir wäre erschüttert, und ihn neu zu motivieren, könnte sehr schwierig werden.

Für die ersten Übungen mit dem Futterbeutel nutzt Melle bei Morpheus zur Sicherheit die Schleppleine.

Handhabung der Schleppleine

Damit dein Hund frei und sicher arbeiten kann, ist es wichtig, dass du die Schleppleine geschickt und kontrolliert führst.

1. Auf dem Weg zum Gegenstand

Halte die Schleppleine so, dass sie locker durch beide Hände gleiten kann. Die Hände sind dabei leicht auseinander, die Leine verläuft locker vor deinem Körper. Achte darauf, dass die Leine nicht verwickelt oder in Schlingen liegt, damit dein Hund ungehindert zum Apportiergegenstand rennen kann, ohne dass die Leine hängenbleibt.

2. Auf dem Weg (mit Gegenstand) zu dir

Deine hintere Hand greift Richtung vordere Hand und zieht die Schleppleine in ruhigen Bewegungen nach hinten weg. Die vordere Hand führt die Leine dabei locker, sie lässt die Leine einfach durchgleiten.

3. Variante für kleine oder langsame Hunde

Du kannst das Ende der Schleppleine in aufgewickelten Schlaufen in der hinteren Hand halten und die Leine mit der vorderen Hand ruhig ab- und aufwickeln.

Entfernt sich dein Hund wieder von dir, bevor du die Schleppleine vollständig eingesammelt hast, hältst du sie einfach ruhig fest und wartest, ob er sich von allein wieder annähert, sodass du sie weiter verkürzen kannst. Die Schleppleine verhindert also nur, dass sich dein Hund unbegrenzt entfernen kann. Keinesfalls ziehst du ihn mit dem Gegenstand zu dir heran, denn du möchtest ja, dass er freiwillig und freudig mit der Beute zu dir kommt, und nicht durch Druck und Zwang. Hat dein Hund verstanden, dass er den Gegenstand zu dir bringen soll, kannst du die Schleppleine bald nur noch am Ende locker sichern und später sogar ganz am Boden schleifen lassen.

Je näher Morpheus mit dem Ball kommt, desto stärker verkürzt Melle die Schleppleine.

Jane lässt die Schleppleine locker durch die Hand gleiten, damit Lia ungehindert dem Ball hinterherrennen kann.

Nach einigen Trainingseinheiten kann Jane die Schleppleine bereits vollständig auf dem Boden liegen lassen.

ÜBERSICHT ÜBER DIE HANDHABUNG DER SCHLEPPLEINE

Vorbereitung

- Dein Hund trägt ein gut sitzendes Geschirr.
- Du selbst trägst ggf. Handschuhe (besonders bei temperamentvollen Hunden).
- Dein Hund ist bereits an Geschirr und Schleppleine gewöhnt.

Während des Trainings

- Nicht weiter werfen, als die Schleppleine lang ist.
- Nicht auf die Schleppleine treten.
- Die Leine locker durch die vordere Hand gleiten lassen.
- Mit der hinteren Hand ruhig und gleichmäßig die Leine einsammeln.
- Ende der Schleppleine entweder gerade nach hinten ablegen oder in Schlaufen aufgewickelt in der Hand halten.

Auswahl des Gegenstands

Damit euer Apportiertraining ein echter Erfolg wird, gilt es nun, den perfekten Gegenstand für deinen Hund zu finden.

Vorbereitung

Besorge eine große Auswahl möglichst unterschiedlicher Spielzeuge. Diese sollten sich in Form und Beschaffenheit unterscheiden:

- Ein harter Ball, der gut über den Boden rollt.
- Ein unregelmäßig geformter Gegenstand (z. B. ein Gummi-Ei), der beim Aufprall unvorhersehbar die Richtung ändert.
- Ein weiches, leichtes Spielzeug, das dein Hund gut tragen oder an einem Zipfel packen kann.
- Ein Futterbeutel, gefüllt mit seinem absoluten Lieblingsfutter.

Beobachten und Entdecken

Teste nun, wie dein Hund auf die unterschiedlichen Beuteobjekte reagiert. Lege dazu alle Gegenstände auf einem Haufen aus. Dein Hund darf nun, gesichert mit der Schleppleine, einfach erst einmal alles beschnuppern und untersuchen. Vielleicht kannst du schon eine Vorliebe deines Hundes für einen der Gegenstände erkennen? Beoabachte ihn genau. Welches Spielzeug fesselt seine Aufmerksamkeit? Womit beschäftigt er sich länger? Was nimmt er sogar schon ins Maul?

Zum Mitmachen animieren

Um eine Beute für deinen Hund spannend zu machen, bewege sie fluchtartig von ihm weg. Lass sie hin und her flitzen, ganz wie ein flüchtendes Beutetier und beobachte deinen Hund. Verfolgt er die Beute mit den Augen? Sieht er aus, als wolle er gleich auf die Beute springen? Dann ist JETZT der richtige Zeitpunkt gekommen, die Beute zu werfen.

Wichtig: Wirf dabei nicht zu weit, dein Hund darf die Beute nicht aus den Augen verlieren. Dann ist das Interesse nämlich schnell wieder erloschen. Wirf aber auch nicht zu kurz. Wenn die Beute gerade mal zwei Meter von dir und deinem Hund entfernt landet, wird er vielleicht gar nicht den Sinn darin sehen, hinterherzulaufen.

Jeden Gegenstand testen

Führe diese Übung nun mit jedem Gegenstand einzeln durch. Wähle dazu für jede Trainingseinheit einen der Gegenstände aus, dein Hund soll die Chance bekommen, sich voll und ganz auf diesen einen Gegenstand einzulassen. Überfordere deinen Hund nicht, indem du ihn in einer einzigen Trainingseinheit mit vielen neuen Objekten konfrontierst. Dein Hund kann durch deine Bemühungen, ihn für einen Gegenstand zu interessieren, bereits so erschöpft sein, dass du ihn einfach aufgrund dessen für nachfolgende Gegenstände nicht mehr begeistern kannst.

Einige Hunde haben bisher einfach nie gelernt, mit Menschen spielerisch umzugehen und kennen „Spielzeug“ daher gar nicht. Viele dieser Hunde wissen aber sehr wohl, was es heißt, „Beute zu machen“, und sind vor allem in Bezug auf Futter sehr motiviert. Das Training mit dem Futterbeutel ist aus diesem Grund für viele dieser Hunde eine sinnvolle Variante. Im Folgenden werden die ersten Schritte des Trainingsaufbaus für das Apportieren daher beispielhaft anhand des Futterbeutels erklärt. Natürlich kannst du die Prinzipien aber auch auf andere Gegenstände übertragen, je nachdem, was dein Hund am spannendsten findet!

Labrador Retriever nehmen bereits als Welpe alle möglichen Gegenstände gern ins Maul, um sie herumzutragen.

Dexter darf zuschauen, wie Jennifer von Dexter besonders begehrtes Futter in den Futterbeutel einfüllt.

Dexter darf aus dem Futterbeutel fressen und eine ganze Portion Futter aufnehmen.

Futterbeutel als Futterquelle

1. Fülle den Futterbeutel mit etwas, das dein Hund richtig liebt: Fleischwurst, Käsewürfel, Hühnerbrust, getrocknetes Fleisch oder auch besonders beliebtes Trockenfutter. Lass deinen Hund dabei zuschauen! Das steigert die Spannung und macht den Beutel noch interessanter.
2. Jetzt öffnest du den Beutel und hältst ihn deinem Hund hin, sodass er ein paar Brocken herausholen kann. Falls dein Hund zur verfressenen Sorte gehört, musst du aufpassen, dass er nicht alles direkt auf einmal frisst! Zieh den Beutel nicht einfach nach oben weg, da dein Hund sonst hochspringen oder nach dem Beutel schnappen könnte. Bewege stattdessen den Beutel schnell nach unten und seitlich von dir weg. Dieser Bewegung wird er nicht so schnell folgen können, sodass du den Beutel nun ganz in Ruhe schließen und wieder wegstecken kannst.
3. Alternativ holst du ein paar Brocken selbst heraus. Schließe den Beutel und lege die Brocken darauf. So kontrollierst du genau, wieviel Futter dein Hund bekommt, damit du noch viele Wiederholungen durchführen kannst.
4. Wenn dein Hund schon das Signal „Schluss" kennt, das eine Handlung (freundlich) beendet, kannst du dieses alternativ nutzen, um ihm zu signalisieren, dass die Fütterung jetzt beendet ist und es später erst weitergeht. So weiß dein Hund, dass er keinen Fehler gemacht hat und die Trainingssituation bleibt entspannt.
5. Am Ende des Tages, oder wenn das Training vorbei ist, darf dein Hund dann natürlich den ganzen Beutel leeren. Das wirkt wie ein riesengroßer Jackpot für ihn und hält die Motivation hoch!

Zu Beginn des Trainings trägt Jennifer den Futterbeutel mit sich herum, um ihn für Dexter spannend zu machen.

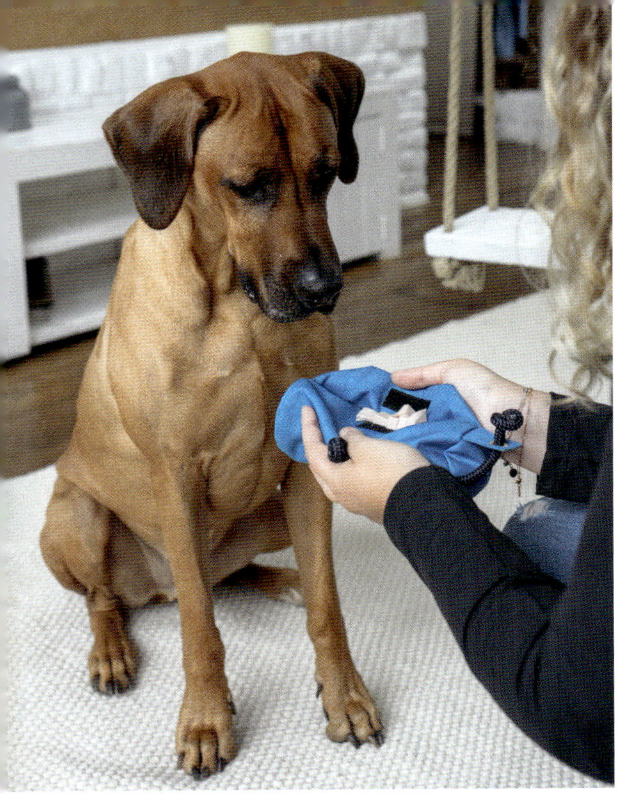

Begehrtes Futter legt Jennifer auf den geschlossenen Futterbeutel, damit Dexter nicht zu viel davon frisst.

Motivation steigern – kleine Spielchen für zwischendurch

Stecke den Futterbeutel in deine Tasche. Mehrmals am Tag nimmst du ihn heraus, wirfst einen aufgeregten Blick hinein, machst faszinierte Geräusche („Ohhh, schau mal!"), und steckst ihn dann kommentarlos wieder ein. Achte darauf, dass dein Hund deine Aktion mitbekommt. Er soll neugierig werden und denken: „Was hat mein Mensch da bloß?" Zeigt er Interesse, öffnest du den Beutel wieder und lässt ihn ein paar Leckerchen fressen.

Wiederhole dieses kleine „Geheimnis-Spiel" mehrere Male über den Tag verteilt. In kurzer Zeit wird dein Hund den Futterbeutel für eine sehr wertvolle Beute halten!

Jetzt geht's los

Dein Hund soll nun lernen, dem Futterbeutel hinterherzujagen. Mach dich dazu klein, gehe auf Augenhöhe deines Hundes und bewege den Futterbeutel an der Schnur schnell und lebhaft vor ihm hin und her. Achte darauf, deinen Hund nicht mit dem Beutel zu bedrängen, denn Beute läuft niemals auf den Jäger zu. Folgt dein Hund deiner Bewegung und versucht der Beute hinterherzulaufen oder sie vielleicht sogar mit den Pfoten zu stoppen, belohnst du ihn dafür mit ein paar Futterbrocken aus dem Futterbeutel. Freue dich mit deinem Hund, damit er merkt, dass er genau das Richtige getan hat.

Das Futter im Beutel interessiert Dexter so sehr, dass er dem geöffneten Futterbeutel hinterherläuft.

Weitere Motivationsmöglichkeiten

Sei nicht enttäuscht, wenn dein Hund beim ersten Versuch noch zurückhaltend bleibt. Mache eine Pause und versuche es später noch einmal. Manche Hunde brauchen auch ein bisschen mehr Überzeugungskraft. Hier ein paar Tricks, wie du deinen Futterbeutel noch unwiderstehlicher machen kannst:

1. Kauartikel im Futterbeutel

Stecke (anstelle von Futter) einen harten Kauartikel wie ein Rinderohr in den Beutel und lass ihn ein Stück herausschauen. Alternativ kannst du einen Kauartikel auf dem Futterbeutel festbinden. So kann dein Hund zwar in den Kauartikel hineinbeißen, ihn aber nicht direkt fressen!

2. Futter unter dem Reißverschluss

Klemme ein besonders leckeres Futterstück direkt in den Reißverschluss oder unter die Klettverschluss-Lasche. Dein Hund sieht und riecht das Futter sofort und der Beutel wird noch verlockender!

3. Leberwurst-Trick

Streiche den Futterbeutel dünn mit Leberwurst ein oder tränke ihn mit etwas Leberwurstwasser. Der verführerische Duft wird deinen Hund magisch anziehen!

4. Den Futterbeutel beim Fressen bewegen

Lege den offenen Beutel auf den Boden und lass deinen Hund daraus fressen. Halte die Schnur dabei fest. Ziehe den Beutel langsam ein paar Schritte weg, während dein Hund frisst. Dein Hund lernt dabei: „Wenn ich dranbleibe und hinterherlaufe, komme ich ans Ziel!" Ein toller kleiner Trick, um deinem Hund die Idee des Verfolgens spielerisch näherzubringen!

FUTTER AUFTEILEN

Damit dein Hund motiviert ist, sich mit dem Futterbeutel zu beschäftigen, solltest du ihn nicht direkt vor dem Training satt füttern. Du musst ihn aber auch nicht hungern lassen. Es geht darum, dass dein Hund entspannt und neugierig lernt, und nicht unter Druck und mit dem Gefühl, dass sein Überleben bedroht ist. Teile die Futterrationen auf – einen Teil gibst du normal im Napf, den anderen Teil über den Futterbeutel.

Damit sich Desmond für den Futterbeutel interessiert, hat Sonja ein Rinderohr darauf festgebunden.

Um Daiko zu motivieren, dem Futterbeutel hinterherzulaufen, spielen die Menschen damit und ignorieren ihn dabei.

Daiko beobachtet Nicole, während sie den Futterbeutel mehrfach hochwirft und wieder auffängt.

5. Spiel mit dem Futterbeutel

Viele Hunde lassen sich auch dadurch motivieren, dass ihr Mensch den Futterbeutel selbst spannend und lebendig macht. Steigere die Neugier deines Hundes, indem du den Futterbeutel wie bisher fasziniert betrachtest, ihn dann aber noch hochwirfst und wieder auffängst. Dabei ignorierst du deinen Hund zunächst komplett. Erst wenn er deutlich Interesse zeigt, animierst du ihn, dem Beutel hinterherzulaufen.

Noch spannender wird es, wenn du den Beutel zu einem weiteren Familienmitglied wirfst. Versucht dein Hund irgendwann, den Beutel im Flug zu fangen? Dann ist der perfekte Moment gekommen, ihn aktiv ins Beutespiel einzubinden und zum Hinterherlaufen zu motivieren, indem du den Beutel in seine Richtung wirfst.

6. Dynamische Zerrspiele

Um deinen Hund zu motivieren, in den Futterbeutel zu beißen, kannst du auch ein Zerrspiel starten. Greift dein Hund bereits vorsichtig mit dem Maul nach dem Futterbeutel, kannst du ihn durch ein Zerrspiel motivieren, fester und länger zuzupacken, indem du vorsichtig an der Schnur ziehst. Achte dabei darauf, keine ruckartigen Bewegungen zu machen. Dein Hund könnte sonst denken, dass er etwas falsch gemacht hat und sofort loslassen. Je mehr dein Hund sich zutraut, desto dynamischer darf euer Zerrspiel werden. **Dein Hund muss jederzeit ansprechbar bleiben. Das Zerrspiel sollte sofort enden, wenn du die Bewegung der Beute stoppst.** Es geht NICHT darum, dass dein Hund sich in den Beutel oder gar in deinen Arm verbeißt!

Morpheus schaut beim Apportiertraining mit Katniss zu. Dabei ist er sicherheitshalber angeleint.

7. Hetzspiele
Damit dein Futterbeutel noch lebendiger für deinen Hund wird, kannst du ihn an einer längeren Schnur oder an einer Reizangel befestigen, also an einer Schnur, die an einem Stock montiert ist. Durch schnelle, unvorhersehbare Bewegungen wird der Beutel für deinen Hund besonders spannend.
Insbesondere unsichere oder ängstliche Hunde können sich vor abrupten Bewegungen erschrecken! Starte mit einem sensiblen Hund daher vorsichtig und beobachte genau, wie dein Hund reagiert.

8. Zuschauen, während ein anderer Hund apportiert
Lebt ein weiterer Hund bei dir, der bereits das Apportieren beherrscht, kannst du das für das Training des zweiten Hundes nutzen! Lass den geübten Hund den Futterbeutel apportieren. Dein zweiter Hund darf dabei zuschauen. Wenn dein erster Hund nach der Übung aus dem Beutel fressen darf, wächst oft auch beim zweiten Hund das Interesse!
Achte unbedingt auf die Beziehung deiner beiden Hunde, damit es nicht zu Streit um den Futterbeutel kommt. Am besten leinst du den wartenden Hund daher immer an und lässt die beiden erst nach einer Pause, in der sie entspannen konnten, wieder zusammen frei laufen.
Wenn deinem ersten Hund Futter oder Beute sehr wichtig ist, er also Ressourcen verteidigt, braucht jeder Hund seinen eigenen Futterbeutel! Sonst kann sich der zweite Hund gehemmt fühlen und wird sich nie trauen, den Beutel aufzunehmen.

ÜBERSICHT: MOTIVATIONSMÖGLICHKEITEN

- Futterbeutel als Futterquelle nutzen.
- Futterbeutel spannend machen, indem du ihn immer wieder sichtbar herumträgst.
- Besonders begehrtes Futter verwenden (z. B. Käse, Fleischwurst).
- Hund beim Befüllen des Beutels zuschauen lassen
- Futterbeutel dynamisch hin und herbewegen, um Jagdverhalten auszulösen.
- Kauartikel in den Futterbeutel stecken (z. B. ein Rinderohr).
- Kauartikel außen auf den Futterbeutel binden.
- Futterbrocken im Reißverschluss oder unter der Klettlasche platzieren.
- Futterbeutel mit Leberwurst bestreichen oder mit Leberwurstwasser einreiben.
- Futterbeutel offen über den Boden schleifen lassen.
- Futterbeutel hochwerfen und wieder auffangen, um Aufmerksamkeit zu erzeugen.
- Spiel mit Futterbeutel zwischen zwei Familienmitgliedern.
- Vorsichtiges Zerrspiel mit dem Futterbeutel.
- Futterbeutel an eine Schnur oder Reizangel binden, um lebendige Beute zu simulieren.
- Motivation durch Zuschauen beim apportierenden Ersthund.

Sobald der Ball schnell hin und her bewegt wird, geht Flynn begeistert auf das lustige Spiel ein.

Anforderungen langsam steigern

Der Einstieg ist geschafft: Dein Hund läuft dem Futterbeutel hinterher! Mache jetzt nicht den Fehler und erwarte direkt zu viel von deinem Hund. Selbst wenn er „nur ein paar Schritte" dem Futterbeutel hinterherläuft, ist das für dich ein Grund zur Freude!

Markerwort nutzen – Timing ist alles!

Damit dein Hund auch im weiteren Training versteht, welches Verhalten genau du gut findest, brauchst du jetzt dein zuvor aufgebautes Markerwort, wie z. B. „Prima". Denn bis du am Futterbeutel bist, diesen geöffnet und Futter herausgeholt hast, könnte dein Hund längst etwas ganz anderes machen. Auch wenn er das Futter gern nimmt, wird er nicht mehr wissen, wofür du ihn gerade belohnt hast.

Gestalte dein Training daher immer so, dass dein Hund genau weiß, welches Verhalten von dir belohnt wird und damit erwünscht war.

1. Dein Hund läuft dem Futterbeutel hinterher, bis er bei ihm angekommen ist.
2. In dem Moment, in dem er am Beutel schnüffelt oder ihn anstupst, sagst du freudig: „Prima".
3. Jetzt kannst du in Ruhe zu ihm gehen und ihn direkt aus dem Beutel belohnen.

Dem Gegenstand an der Reizangel hinterher zu hetzen, kann die Motivation, ihn zu packen, erhöhen.

Allein die Beschäftigung mit dem Futterbeutel reicht anfangs aus, damit Nicole die Altdeutsche Schäferhündin Vina belohnen kann.

Steigerung in kleinen Schritten

Die Kunst eines erfolgreichen Trainings liegt darin, die Anforderungen behutsam und Schritt für Schritt zu steigern, immer angepasst an das individuelle Lerntempo deines Hundes. Er soll weder über- noch unterfordert werden.

Hat dein Hund die erste Übung erfolgreich gemeistert, wiederhole sie einige Male. So festigt sich das Verhalten und dein Hund verknüpft: „Wenn ich dem Futterbeutel hinterherlaufe, lohnt sich das!" Erst wenn du dir sicher bist, dass er diese Aufgabe zuverlässig beherrscht, gehst du einen kleinen Schritt weiter.

Jetzt soll sich dein Hund intensiver mit dem Futterbeutel beschäftigen. Springt er nun der Beute hinterher, beobachte zunächst, was er damit macht. Nimmt er sie direkt auf? Prima, lobe ihn ausgiebig und freu dich mit ihm! Schnuppert er nur daran und nimmt sie (noch) nicht ins Maul?

Calito packt den Futterbeutel zunächst nur an der Schnur und schleudert ihn wild hin und her.

Kein Problem, auch das ist ein Erfolg! Immerhin ist er hingelaufen, und genau das war ja das Ziel. Lobe ihn für diesen Fortschritt, gehe zu ihm und gib ihm dort ein Futterstück. Dann hebst du den Beutel wieder auf, machst ihn erneut spannend und startest die nächste Runde.

Nach einigen Wiederholungen beginnst du nun, das Verhalten in kleinen Teilschritten weiterzuentwickeln. Warte beim nächsten Mal etwas ab, bevor du deinen Hund lobst, vielleicht probiert er dann etwas Neues aus. Bewegt er den Beutel mit der Pfote? Perfekt! Belohne auch diesen kleinen Schritt ein paar Mal und gib ihm dann wieder Raum, kreativ zu werden.

Noch ist kein perfektes Verhalten gefragt, jeder Schritt in die richtige Richtung wird belohnt. Forme nun Schritt für Schritt das Verhalten, bis dein Hund verstanden hat, was du von ihm erwartest: **die Beute mit dem Maul aufheben und tragen.**

Beim nächsten Versuch nimmt er die Beute vielleicht kurz ins Maul, lässt sie aber sofort wieder fallen. Dann hält er sie vielleicht etwas länger fest. Oder er trägt sie ein, zwei Schritte, selbst wenn er sie dafür nur an einem Zipfel packt. All das sind wichtige Zwischenschritte. Belohne jede Annäherung an das gewünschte Verhalten, das zuverlässige Aufnehmen und Tragen der Beute und forme es Schritt für Schritt weiter aus.

Nimmt dein Hund den Futterbeutel kurz auf, ist es Zeit für den nächsten Trainingsschritt: **das Zurückbringen.** Dein Hund gehört nun zu den Vierbeinern, die einen Gegenstand herumtragen. Du kannst jetzt also mit dem nun folgenden Trainingsplan fortfahren.

VERHINDERE DAS ÖFFNEN DES FUTTERBEUTELS!

Achte darauf, dass dein Hund nicht versucht, den Futterbeutel selbst zu öffnen. Stellt er eine Pfote darauf und greift gleichzeitig mit dem Maul das andere Ende, kann er ihn im Handumdrehen zerreißen. In diesem Moment ist schnelles, aber ruhiges Handeln von dir gefragt. Denn wenn dein Hund auf diese Weise an den Inhalt gelangt, lernt er, dass sich Selbstbedienung lohnt. Und das wird er dann immer wieder versuchen. Beende das Spiel in einem solchen Fall sofort. Gehe ruhig und souverän zu deinem Hund, nimm ihm den Beutel kommentarlos ab und starte gleich danach einen neuen Versuch.

Vina versucht an das Futter zu gelangen, indem sie die Pfote auf den Beutel stellt und ihn mit den Zähnen aufreißt.

Hunde, die gelegentlich Gegenstände tragen

Dein Hund zeigt bereits Interesse an Beute? Vielleicht trägt er sein Lieblingsspielzeug begeistert in sein Körbchen, um darauf herumzukauen, oder spaziert stolz mit deinen Socken oder Schuhen durch die Wohnung?

Perfekt! Dann wird es dir leichtfallen, ihm das strukturierte Apportieren beizubringen. Vielleicht hat dein Hund aber auch erst vor Kurzem gelernt, wie spannend Beute sein kann. Schritt für Schritt habt ihr gemeinsam daran gearbeitet, bis er nun ein Spielzeug aufnimmt und ein paar Schritte damit herumläuft. Ihr seid also bereit für die nächste Stufe im Training!

Training mit dem Lieblingsspielzeug

Beginne das Apportiertraining mit dem Lieblingsspielzeug deines Hundes. Bist du dir unsicher, welches das richtige ist, helfen dir die Übungen ab S. 70 f. (Auswahl des Gegenstands) weiter. Hat dein Hund gerade erst gelernt, einen bestimmten

Ein Hund, der alles apportiert, kann als Helfer im Haushalt eingesetzt werden und z. B. den Kehrbesen bringen.

Gegenstand aufzunehmen, verwende genau diesen für den nächsten Trainingsschritt.
Sichere deinen Hund dabei wieder mit einem gut sitzenden Geschirr und einer Schleppleine. So verhinderst du, dass er mit dem Gegenstand einfach davonläuft. Auch wenn er bereits von sich aus Dinge herumträgt, ist diese Sicherung sinnvoll, denn das gezielte Zurückbringen zu dir hat er ja noch nicht gelernt.

Werfen der Beute

Motiviere deinen Hund nun, dem Gegenstand hinterherzulaufen. Bewege den Gegenstand zügig und spielerisch vor ihm hin und her, um seine Aufmerksamkeit zu wecken. Folgt er der Bewegung mit gespannter Körpersprache, wird es Zeit für den ersten Wurf! Achte dabei darauf, dass dein Hund den Wurf bewusst wahrnimmt, er soll sehen, wohin die „Beute" fliegt. Dann darf er sofort hinterherrennen.

Schuhe sind für viele Hunde spannend. Auch Linus trägt gern Frauchens Turnschuhe.

Wähle die Wurfweite mit Bedacht: Sie sollte nur so weit sein, dass dein Hund den Gegenstand jederzeit im Blick behalten kann, aber nicht so kurz, dass der Reiz des Spiels verloren geht. Die ideale Distanz hängt von der Größe und dem Alter deines Hundes ab, aber auch von seinem Charakter: Ist er ein kleiner Wirbelwind oder eher der gemütliche Typ?

Bringen der Beute

Schritt 1: Sobald dein Hund die Beute ins Maul nimmt, lockst du ihn zu dir. Du kannst dazu schnalzen, in die Hände klatschen, dich hinhocken oder auch ein paar Schritte rückwärtsgehen. Vermeide dabei, frontal zu deinem Hund zu stehen oder zu hocken, da das für einige Hunde bedrohlich wirken kann. Körpersprachlich sagst du dem Hund damit: *„Bleib weg von mir!"* anstatt *„Komm gern näher zu mir."*

Begeistert rennt der Dobermann Rüde Morpheus dem von Melle geworfenen Futterbeutel hinterher.

Melle motiviert Morpheus, den Futterbeutel zu ihr zu bringen, indem sie ihn anspricht und lockt.

Zur weiteren Motivation geht Melle einige Schritte rückwärts.

Dann hockt sich Melle hin und klatscht motivierend in die Hände, damit Morpheus ganz zu ihr kommt.

Das Locken war erfolgreich: Morpheus kommt bei Melle an und überlässt ihr den Futterbeutel.

Schritt 2: Locke also deinen Hund zu dir, erwarte aber noch nicht, dass er die Beute ganz bis zu dir bringt. Trägt dein Hund die Beute nur ein, zwei Schritte in deine Richtung, ist das prima! Gehe zu ihm, belohne ihn und starte die Übung erneut.

Schritt 3: Bringt dein Hund die Beute immer näher zu dir, kannst du schrittweise die Schleppleine verkürzen. Auf diese Weise stellst du sicher, dass er, einmal bei dir angekommen, nicht plötzlich ein lustiges „Weglaufspiel" daraus macht. Sobald du merkst, dass du die Schleppleine gar nicht mehr aktiv einsetzen musst, kannst du das Apportierspiel auch ohne sie ausprobieren. Achte dabei auf den gleichen Aufbau wie zuvor: Wirf den Gegenstand und motiviere deinen Hund, diesen zu holen. Locke ihn zu dir und lobe ihn freudig, sobald er dir die Beute gebracht hat. So förderst du spielerisch das gewünschte Verhalten.

Schritt 4: Für eine punktgenaue Belohnung kannst du auf dein zuvor aufgebautes Markerwort zurückgreifen (siehe S. 64). Damit markierst du exakt den Moment, in dem dein Hund den Gegenstand einige Schritte getragen hat, und das, bevor er ihn möglicherweise wieder fallen lässt. Nach dem Markerwort spielt es keine Rolle mehr, ob dein Hund den Gegenstand behält oder ausspuckt, da du ihm dadurch bereits vermittelt hast, dass das Verhalten bis zu diesem Punkt richtig war.

NO GOS BEIM ZURÜCKBRINGEN

Lass das Futter in der Tasche!
Nutze alles, was deinen Hund motiviert, auf dich zuzulaufen, mit einer Ausnahme: Lass das Futter zunächst in der Tasche. Denn hältst du Leckerlis in der Hand, kommen die meisten Hunde zwar freudig und schnell, lassen dabei aber unterwegs den Gegenstand fallen, damit sie das Leckerli aufnehmen können. Hole das Futter also erst NACH dem Zurückbringen heraus, als Belohung und schönen Abschluss der Übung!

Verzichte auf ein „Hier"!
Aus dem gleichen Grund solltest du in dieser Trainingsphase auf das Signal „Hier" verzichten, wenn dein Hund gelernt hat, bei diesem Signal alles „stehen und liegen zu lassen" und sofort zurückzukommen. Denn dann lässt er häufig auch den Gegenstand fallen. Du möchtest jedoch, dass dein Hund MIT der Beute zu dir kommt, doch das klappt nur, wenn diesem neuen Verhalten keine früheren Verknüpfungen entgegenstehen.

Ziehe nicht an der Schleppleine!
Nutze die Schleppleine nicht dazu, deinen Hund mit der Beute zu dir zu ziehen. Durch eine solche unangenehme Einwirkung könnte er das gemeinsame Spiel mit dir negativ verknüpfen, sodass er sich beim nächsten Versuch gar nicht mehr für die Beute interessiert oder erst recht versucht, sie für sich zu behalten. Du musst deinem Hund also vielmehr beibringen, dass es sich für ihn lohnt, dir den Gegenstand zu bringen.

Teile dieses Training auf mehrere Einheiten auf. Dein Hund muss das zuverlässige Bringen nicht sofort und auf einmal beherrschen!

Schritt 5 Du kannst nun in Ruhe zu deinem Hund gehen und ihn mit Futter oder Aufmerksamkeit belohnen. Danach beginnt das Spiel wieder von neuem. Mit der Zeit sagst du das Markerwort immer später, je nachdem, wie viele Schritte dein Hund den Gegenstand bereits auf dich zugetragen hat. So lernt er, die Beute immer weiter bis zu dir zu bringen. So wird das Apportieren schrittweise gefestigt und dein Hund bleibt motiviert, weiter mitzuarbeiten.

Abgeben der Beute

Jetzt fehlt nur noch ein letzter Schritt: Dein Hund soll dir die Beute überlassen. Wenn er sie nicht ohnehin von selbst fallen lässt, sobald er bei dir ist, kannst du ihm ein Tauschgeschäft anbieten. Hole dazu ein besonders leckeres Futterstück aus der Tasche und halte die Leckerei bereit. Greife mit der anderen Hand an den Gegenstand im Maul deines Hundes. In dem Moment, in dem

Australian Shepherd Rüde Bruno möchte das Seil nicht an Stefanie abgeben, sondern für sich behalten.

Zum Tausch bietet Stefanie ihm ein besonders begehrtes Leckerli an, woraufhin Bruno sofort loslässt.

dein Hund den Gegenstand loslässt, um das Futter zu nehmen, sagst du dein gewähltes Signal, z. B. „Aus", und nimmst ihm den Gegenstand ab. Mit der Zeit verknüpft dein Hund dieses Wort mit dem Abgeben der Beute und wird auf das Signal immer zuverlässiger loslassen.
Möchte dein Hund die Beute nicht abgeben, streite nicht mit ihm darum. Je mehr du auf sein Zerrspiel eingehst, desto weniger wird er bereit sein, dir die Beute zu geben. Halte das Spielzeug ruhig fest und nutze für das Tauschgeschäft Leckerlis, die dein Hund wirklich gern mag, wie z. B. Fleischwurst oder aber eine mit Leberwurst oder anderen Leckereien (z. B. Lachspaste oder Banane-Joghurt-Mischung) gefüllte Futtertube. Lässt dein Hund die Beute zwar los, aber immer kurz vor dir fallen, sodass du dich nach der Beute bücken und sie aufheben musst? Kein Problem, das Abgeben in die Hand ist ein zusätzlicher Schritt, den du separat trainieren kannst (siehe S. 92 ff.).

ÜBERSICHT: AUFBAU APPORTIEREN

- Lieblings-Apportiergegenstand finden: Beobachte, was dein Hund spannend findet.
- Mit der Schleppleine starten: Zur Sicherheit in der Anfangsphase.
- Motivation aufbauen: Nutze verschiedene Tricks, um Begeisterung für die Beute zu wecken.
- Kleinschrittige Steigerung der Anforderungen: Immer im Tempo deines Hundes.
- Hinterherlaufen belohnen: Schon der erste Schritt verdient Anerkennung.
- Beschäftigung mit dem Gegenstand belohnen: Ob Schnuppern, Pfoten-Einsatz oder kurzes Anheben – alles zählt. Jede kleine Aktion wird positiv verstärkt.
- Richtige Wurfweite wählen: Nicht zu kurz, damit es spannend bleibt – nicht zu weit, damit der Hund den Überblick behält.
- Zurückkommen in kleinen Schritten fördern: Jeder Schritt zu dir ist ein Erfolg.
- Mit Körpersprache motivieren: Rückwärtslaufen, in die Hocke gehen, freundlich ansprechen.
- Keine „perfekte" Abgabe erwarten: Hauptsache, dein Hund bringt den Gegenstand überhaupt zu dir, alles Weitere kommt später.

Hunde, die Gegenstände zum Menschen bringen

Gehört dein Hund zu denjenigen, die ständig Spielzeug anschleppen und es dir auffordernd vor die Füße legen? Dann ist es bis zum strukturierten Apportieren nicht mehr weit!

Gwennie ist bereits ein Apportier-Profi: Ruhig wartet sie neben Andrea, während diese den Dummy wirft.

Es geht jetzt nur noch darum, dass dein Hund lernt, dir das Spielzeug auch zuverlässig zurückzubringen.
Verwende für das Training das Lieblingsspielzeug deines Hundes. Motiviere ihn, dem geworfenen Gegenstand hinterherzulaufen. Sobald er diesen aufnimmt, lockst du ihn freundlich zu dir zurück. Wenn du dir anfangs unsicher bist, ob dein Hund dir das Spielzeug wirklich bringen wird, ist es hilfreich, ihn zur Sicherheit zu Beginn an ein gut sitzendes Geschirr mit Schleppleine zu nehmen.

Verhalten unter Signal stellen

Sobald dein Hund zuverlässig apportiert, ist es an der Zeit, dieses neu erlernte Verhalten unter ein festes Signal zu stellen. Geeignet sind klare, kurze Wörter wie „Apport", „Bring" oder „Hols". Wichtig ist, dass es sich deutlich von anderen Signalen, die du für deinen Hund nutzt, unterscheidet. Einige Menschen schicken ihren Hund mit dem Wort „Hols" zum Apportieren. Sobald der Hund den Gegenstand aufgenommen hat, animieren sie ihn mit dem Wort „Bring" dazu, den Gegenstand zu bringen. Doch das ist unnötig, denn „Apportieren" beschreibt die gesamte Verhaltenskette: Vom Loslaufen über das Aufnehmen bis zum Zurückbringen und Abgeben der Beute. Ein einziges, eindeutig verknüpftes Signal reicht völlig aus.

Der Aufbau folgt dem Lernprinzip der klassischen Konditionierung (siehe S. 63 ff.). Füge das neue Signal anfangs erst dazu, nachdem dein Hund den Gegenstand aufgenommen hat und sicher auf dich zuläuft, denn es soll nicht zu einer Fehlkonditionierung kommen, wenn dein Hund auf dem Weg zum Gegenstand etwas Spannendes in die Nase bekommt und das Apportieren abbricht. Mit der Zeit kannst du es immer früher einsetzen, bis du es gleichzeitig mit dem Wurf sagst. Nach vielen Wiederholungen hat dein Hund gelernt, dass er auf dieses Signal einem geworfenen Gegenstand hinterherlaufen und diesen bringen soll. Du kannst ihn jetzt z. B. auch aus einer kontrollierten Situation wie dem Signal „Bleib“ mit dem neuen Apportiersignal losschicken (siehe S. 113 ff.).

Sobald Andrea das Signal „Bring“ gesagt hat, läuft Gwennie zum Dummy, nimmt es auf und bringt es freudig zu Andrea zurück, damit das tolle Spiel von Neuem beginnen kann.

Happy hat bereits gelernt, den Futterbeutel zuverlässig zu Nina zurückzubringen, sodass Nina auf Schleppleine und Geschirr beim Apportiertraining verzichten kann.

ÜBERSICHT: AUFBAU TRAINING

- Verhalten unter ein klares Signal stellen: klassische Konditionierung
- Neue Gegenstände einführen: bekannte Strukturen beibehalten
- Bei neuen Objekten ggf. wieder Schleppleine nutzen
- Training erweitern: Ablenkungen hinzufügen/Abgabe in die Hand
- Training erweitern: Impulskontrolle

Variabilität im Training

Nun kannst du das Apportierverhalten festigen, indem du neue Gegenstände ins Training integrierst. Probiere aus, wie dein Hund auf verschiedene Materialien, Formen und Größen reagiert. Je größer die Bandbreite, desto variabler kannst du das Training gestalten. Vielleicht darf es demnächst sogar ein Rinderohr oder eine Bockwurst sein (siehe S. 54 f.)?

Auch bei neuen Gegenständen ist der Aufbau gleich: Verwende das erlernte Signal und nutze zu

Beginn wieder ein gut sitzendes Geschirr und die Schleppleine. Wenn dein Hund dir Gegenstände zuverlässig bringt, kannst du das Training erweitern, indem du Ablenkungen hinzufügst, deinem Hund gegebenenfalls die Abgabe in die Hand beibringst (siehe S. 92 ff.) oder das Training variabel gestaltest, indem du Übungen zur Impulskontrolle aufbaust (siehe S. 111 ff.).

Apportiertraining perfektionieren

Dein Hund ist auf dem besten Weg, ein echter Apportier-Profi zu werden! Um das Training weiter zu optimieren, ist es wichtig, schrittweise Ablenkungen einzubauen.

Ablenkungen gezielt steigern

Beginne das Training stets in einer ruhigen, vertrauten Umgebung, idealerweise in der Wohnung, eventuell, falls vorhanden und der Hund sich hier nicht schon stark ablenken lässt, im eigenen Garten. Sobald dein Hund dort zuverlässig apportiert, kannst du die Ablenkung langsam erhöhen. Ein nächster Schritt könnte das Training auf einer Wiese sein. Hier gibt es viele spannende Gerüche durch Wild oder andere Hunde, die zuvor dort entlang gelaufen sind.
Im weiteren Verlauf kannst du andere Menschen oder Mensch-Hund-Teams als Ablenkung nutzen. Achte dabei darauf, die Distanz zu diesen Ablenkungen schrittweise zu verringern, um deinen Hund nicht zu überfordern.
Achte insbesondere bei der Ablenkung durch andere Hunde immer darauf, dass es nicht zu einer Auseinandersetzung um die Beute kommt. Sollte sich ein freilaufender Hund nähern, unterbrich das Training vorübergehend, bis das andere Mensch-Hund-Team außer Sicht ist. So verhinderst du Stress und mögliche Konflikte zwischen den Hunden. Außerdem verbindet dein Hund das Training so weiterhin mit positiven Erfahrungen.

Gruppentraining als Chance

Falls du mit deinem Hund eine Hundeschule besuchst, kannst du euer Apportiertraining in der Gruppe verfeinern.
Apportiertraining bietet sich als Beschäftigungsform für Gruppenstunden an, da es viele verschiedene Elemente wie Apportieren, Kommen, Abstoppen und Grundsignale wie Sitz, Down, Bleib und Fuß beinhaltet. Alle Übungen können an der Schleppleine durchgeführt werden, sodass auch mit sozial unverträglichen Hunden ein gemeinsames Apportiertraining durchgeführt werden kann. Dein Hund kann so Schritt für Schritt lernen, sowohl die Nähe als auch die Dynamik anderer Hunde immer mehr zu ertragen und unter starker Ablenkung zu apportieren.

Dolores und Katniss sind ein eingespieltes Team: Katniss bringt den Futterbeutel selbst bei großer Ablenkung!

Das Gruppentraining in der Hundeschule bietet eine gute Möglichkeit, die Ablenkung kontrolliert zu steigern.

Abgabe in die Hand

Viele Menschen wünschen sich, dass ihr Hund ihnen den apportierten Gegenstand direkt in die Hand gibt. Das ist nicht nur praktisch, sondern spart auch das ständige Bücken. Allerdings kann diese Übung für unsichere Hunde eine echte Herausforderung darstellen. Wenn dein Hund sich mit Beute im Maul kaum in deine Nähe traut, zwinge ihn nicht zur Abgabe in die Hand. In solchen Fällen reicht es völlig aus, wenn er den Gegenstand in deiner Nähe ablegt, sodass du ihn aufheben kannst.

AUF PRÜFUNGEN VERLANGT!

Bei Prüfungen, wie im Obedience oder Dummytraining, ist die Abgabe in die Hand jedoch Pflicht. Wenn du also Prüfungsambitionen hast, musst du deinem Hund das zuverlässige Abgeben in die Hand beibringen, da du sonst durchfallen wirst. Denke jedoch immer daran: Das Wohl deines Hundes steht über jeder Prüfung!

Bringen und Abgeben separat trainieren

Um deinem Hund die Abgabe in die Hand beizubringen, trainiere diesen Teil des Apportierens separat. Setze die Verhaltensweisen, also das Bringen und das Abgeben, erst zusammen, wenn dein Hund beide Elemente zuverlässig beherrscht. Solange dein Hund das Abgeben in die Hand noch nicht gelernt hat, verlangst du dies auch nicht von ihm, wenn du unterschiedliche Varianten des Bringens mit ihm trainierst. Legt er dir dabei den Gegenstand noch vor die Füße, belohnst du ihn trotzdem. Erst wenn beide Verhaltensweisen zusammengesetzt sind, wird das komplette Verhalten belohnt – oder eben auch nicht.

Erst wenn der Mensch die Hand am Dummy hat und das Signal „Aus“ sagt, lässt Hugo den Dummy los.

Warum kann sich die Abgabe als schwierig gestalten?

Viele Hunde haben Schwierigkeiten, einen Gegenstand in der Nähe des Menschen im Maul zu behalten. Das kann unterschiedliche Gründe haben. Ein unsicherer Hund traut sich möglicherweise nicht, dem Menschen Beute zu präsentieren. Häufiger ist jedoch die Erwartung des Hundes, dass er entweder eine Futterbelohnung erhält oder dass der Mensch den Gegenstand nimmt und erneut wirft, der Grund dafür, dass der Hund den Gegenstand schnell fallen lässt. Daher muss dein Hund jetzt lernen, den Gegenstand auch in deiner Nähe im Maul zu behalten. Zunächst nur kurz, dann immer länger, anfangs in Bewegung, später auch ruhig wartend.

Hugo hält den Dummy auch im Sitzen ruhig fest, bis er das Signal zum Abgeben bekommt.

Steffi nimmt Hugo an die kurze Leine und wirft den Dummy in geringer Entfernung vor ihn hin.

Hugo darf direkt hinterherlaufen und den Dummy aufnehmen. Steffi fordert Hugo auf, bei Fuß zu laufen.

Nach einigen Schritten im Fuß, nimmt Steffi ihrem Hund den Dummy mit dem Signal „Aus“ ab.

Steffi steigert die Anzahl der Schritte, die Hugo neben ihr herlaufen soll. Dabei streichelt sie ihn am Rücken.

Trainingsaufbau: Festhalten in der Bewegung

Im ersten Schritt soll dein Hund lernen, den Gegenstand festzuhalten, während ihr euch beide bewegt. Dein Hund soll dich beispielsweise einige Meter bei Fuß laufend begleiten, während er den Gegenstand trägt.

1. Vorbereitung: Lege deinem Hund eine kurze Leine (zwei bis drei Meter) an.

2. Apportieren: Wirf den Gegenstand ein paar Meter weit und fordere deinen Hund auf, diesen zu apportieren.

3. „Fuß“-Signal: Sobald dein Hund mit dem Gegenstand in deine Richtung läuft, drehe dich um und gib das Signal „Fuß“. Dein Hund soll nun einige Schritte an deiner Seite laufen. Dieses Signal musst du deinem Hund natürlich vorher beigebracht haben!

Nach einiger Zeit kann sie Hugo auch am Kopf anfassen, ohne dass er den Dummy fallen lässt.

4. Lob und „Aus"-Signal: Läuft dein Hund einige Schritte mit dem Gegenstand im Maul neben dir her, lobe ihn und greife während des Laufens unauffällig zum Gegenstand. Gleichzeitig sagst du das Signal „Aus", damit dein Hund dir den Gegenstand überlässt.

5. Steigerung: Verlängere die Strecke, die dein Hund mit dem Gegenstand neben dir laufen soll. Baue Richtungsänderungen ein und bewege dich auch einmal rückwärts vom Hund weg, sodass er dir folgt.

6. Berührung und Lob: Damit dein Hund den Gegenstand nicht direkt fallen lässt, sobald deine Hand in seine Richtung geht, fasse ihn während des Fußlaufens an und streichle ihn vorsichtig. Beginne mit einer kurzen Berührung mittig am Körper. Schritt für Schritt kannst du deinen Hund dann auch immer länger und weiter vorn streicheln, bis du ihn am Kopf berühren kannst, ohne dass er den Gegenstand sofort fallen lässt. So lernt dein Hund, deine Nähe und Berührungen auch mit Beute im Maul entspannt zu akzeptieren.

Sitz und Festhalten des Gegenstands

Um deinem Hund beizubringen, den Gegenstand ruhig abzugeben, kannst du ihm nun noch beibringen, den Gegenstand im Sitzen ruhig festzuhalten.

1. Fußlaufen mit Gegenstand: Beginne mit einigen Schritten Fußlaufen (wie zuvor beschrieben), während dein Hund den Gegenstand trägt.

2. Anhalten: Bleib während des Laufens kurz stehen, sodass dein Hund ebenfalls kurz verharren muss, während er den Gegenstand weiterhin festhält. Warte anfangs nur eine Sekunde, später dann auch etwas länger, bevor du weitergehst, und dein Hund dir wieder folgt.

3. Signal „Sitz“: Fordere deinen Hund mit dem Signal „Sitz“ auf, sich zu setzen. Dieses Signal muss er natürlich vorab gelernt haben. Er soll dabei den Gegenstand weiterhin festhalten. Anfangs gehst du mit dem Signal „Fuß“ wieder los, wenn dein Hund gerade die Hinterbeine abgesenkt hat, also noch bevor er richtig sitzt. Später soll er sich dann zunächst ganz kurz und dann immer länger setzen. Den Gegenstand nimmst du deinem Hund anfangs immer nur aus der Bewegung ab. Fordere deinen Hund nach dem Sitzen also immer erst noch einmal mit dem Signal „Fuß“ auf, dir zu folgen.

4. Belohnung: Sobald dein Hund sitzt und den Gegenstand längere Zeit ruhig festhält, lobe ihn und streichle ihn zunächst am Körper, später auch am Kopf. Du kannst den Gegenstand auch leicht antippen, damit dein Hund lernt, ihn trotz Berührung festzuhalten.

5. Signal „Aus“: Erst wenn du das Signal „Aus“ sagst, soll dein Hund den Gegenstand loslassen, sodass du ihn abnehmen kannst.

6. Variationen: Hält dein Hund den Gegenstand zuverlässig fest, kannst du dich ein Stück von ihm entfernen und ihn zu dir rufen. Starte dann

TRAGEN IM ALLTAG

Übe das längere Tragen mit anderen Gegenständen. Dein Hund kann dir hierbei ein nützlicher Helfer im Alltag sein, indem er beispielsweise die Brötchentüte vom Bäcker nach Hause trägt. Du kannst hierfür auch eine spezielle Tragetasche für Hunde nutzen, die einen stabilen Griff hat, sodass dein Hund die Tasche gut mit seinem Maul festhalten kann.

Anfangs soll sich Lagotto Romagnolo Rüde Hugo nur kurz hinsetzen, während er den Dummy festhält.

entweder wieder mit einer Sequenz Fußlaufen oder aber fordere ihn erneut zum Sitzen auf. Variiere die Signale, damit dein Hund nicht vorhersehen kann, welche Übung als Nächstes kommt und wie lange er den Gegenstand festhalten soll.

Seitliches Hinsetzen und Abgeben

Bei Jagdprüfungen wird erwartet, dass sich der Hund mit dem apportierten Wild vor den Jäger setzt und dieses so lange festhält, bis der Jäger es ihm abnimmt. Im Alltagstraining kannst du jedoch individuell entscheiden, ob dein Hund dir den Dummy direkt im Stehen übergeben soll oder ob er sich zuvor setzen soll.

Gerade sensible Hunde empfinden es oft als unangenehm, mit Beute direkt vor dem Menschen zu sitzen. Du erkennst dies daran, dass dein Hund im Training zunehmend langsamer mit dem Dummy zu dir zurückkehrt.

Möchtest du trotzdem, dass sich dein Hund nach dem Apportieren setzt, damit du den Dummy in Ruhe abnehmen kannst, rufe ihn mit dem Signal „Fuß“ an deine Seite und lass ihn dort absitzen. Diese Variante ist für viele Hunde angenehmer.

Nach einigen Trainingseinheiten bleibt Hugo auch für längere Zeit sitzen und hält den Dummy ruhig fest, selbst wenn sich Regina weit von ihm entfernt.

Zu Beginn steigerst du die Distanz zwischen dir und dem Dummy, der immer direkt vor deinem Hund liegt.

Aufbau mit Backward Chaining

Beim bisher beschriebenen Aufbau des Apportierens hat dein Hund die einzelnen Verhaltensschritte nacheinander gelernt: zuerst das Hinterherlaufen, dann das Aufnehmen, das Tragen, das Bringen und schließlich das Abgeben.

Liegt der Gegenstand direkt vor deinem Hund, kann er ihn sofort aufnehmen.

Die Elemente wurden Schritt für Schritt miteinander verknüpft. Diese Methode, bei der ein komplexes Verhalten durch das Aneinanderreihen einzelner Elemente von Anfang bis Ende aufgebaut wird, nennt man „Forward Chaining". Du kannst deinem Hund das Apportieren auch beibringen, indem du das sogenannte „Backward Chaining" (Rückwärts-Verkettung) anwendest. Hierbei beginnst du mit dem letzten Verhalten und arbeitest dich dann immer weiter nach vorn. So wird jedes neu erlernte Verhalten durch das folgende verstärkt, ähnlich wie beim Auswendiglernen eines Gedichts, bei dem man mit der letzten Strophe beginnt. (Wenn einem die Lehrer in der Schule diesen Tipp denn verraten hätten ...!)

Aufnehmen und Abgeben

Willst du das Apportieren als Verhaltenskette von hinten aufbauen, muss dein Hund zunächst das Aufnehmen und Abgeben des Gegenstands in die Hand lernen. Halte den Gegenstand vor ihn und belohne mit deinem Markerwort jede kleinste Annäherung: Anschauen, Anstupsen, kurzes Aufnehmen, längeres Halten. Das Markerwort signalisiert das Ende der Übung und dein Hund darf den Gegenstand sofort loslassen. Sobald er den Gegenstand länger halten kann, übe, wie zuvor beschrieben, das Anfassen wäh-

Später legst du den Dummy immer weiter weg von deinem Hund, sodass er einige Schritte hinlaufen muss.

rend des Haltens. Streichle ihn zunächst am Körper und später auch am Kopf, während er den Gegenstand im Maul hält und berühre im nächsten Schritt auch den Gegenstand kurz. Füge dann das Signal „Aus" hinzu, wenn du möchtest, dass er den Gegenstand abgibt.
Halte den Gegenstand nun tiefer, sodass dein Hund den Kopf senken muss, um ihn aufzunehmen. Lege den Gegenstand im nächsten Schritt dann vor ihn und entferne dich ein paar Schritte. Dein Hund soll den Gegenstand nun aufnehmen, zu dir bringen und festhalten, bis du ihn abgenommen hast.
Stehe nun Schritt für Schritt immer weiter weg vom Gegenstand. Auch die Distanz von deinem Hund zum Gegenstand vergrößerst du immer weiter, sodass dein Hund jetzt auch zum Gegenstand laufen muss, bevor die bekannte Verhaltenskette „Aufnehmen – Tragen – Festhalten – Abgeben" startet. Damit hat dein Hund das Apportieren erlernt und du kannst weitere Varianten für Fortgeschrittene aufbauen.

Melanie hat Mischlingshündin Zelda das Apportieren mithilfe des Backward Chainings beigebracht.

Verändere immer nur eine Variable: entweder die Distanz zwischen dir und dem Gegenstand oder die Distanz zwischen dem Hund und dem Gegenstand. Erst wenn dein Hund beide Situationen sicher beherrscht, kannst du beide Komponenten kombinieren und anschließend schrittweise steigern.
Diese Trainingsmethode eignet sich besonders für Hunde, die gern mit dem Menschen zusammenarbeiten, aber nicht von Natur aus motiviert sind, Gegenstände aufzunehmen, wie es z. B. bei vielen Hütehunden wie dem Border Collie oder dem Australian Shepherd der Fall ist.

Vorsicht vor unbeabsichtigten Verhaltensketten

Verknüpfst du das Apportieren und das Abgeben in die Hand zu früh, ohne dass dein Hund den letzten Teil zuverlässig beherrscht, besteht die Gefahr, dass du eine unbeabsichtigte Verhaltenskette trainierst. Dies passiert z. B., wenn dein Hund nach dem Apportieren den Gegenstand zu früh fallen lässt und du ihn aufforderst, ihn erneut aufzunehmen. Gerade wenn du einen beutemotivierten Hund hast, wird er diesen dann auch sofort ins Maul nehmen. Da er sich nun bereits direkt vor dir befindet, klappt das anschließende Abgeben in die Hand meist problemlos. Du belohnst deinen Hund und freust dich über den vermeintlichen Fortschritt.

Tatsächlich hast du jedoch gerade unbewusst trainiert, dass das Fallenlassen Teil der Aufgabe ist. Dein Hund lernt: *„Ich bringe die Beute, lasse sie erst einmal fallen, hebe sie wieder auf und gebe sie ab, und bekomme dann ein Leckerli dafür!“* Du baust also eine Verhaltenskette auf und verstärkst damit genau das Verhalten, das du eigentlich vermeiden möchtest: das Fallenlassen des Gegenstands!

Reaktion auf das Fallenlassen

Natürlich kann es trotz sorgfältigem Training immer auch einmal vorkommen, dass dein Hund den Gegenstand zu früh fallen lässt, selbst wenn er normalerweise zuverlässig apportiert. In diesem Fall hebst du die Beute einfach kommentarlos selbst auf, belohnst deinen Hund nicht und beginnst die Übung von vorn. Achte dann besonders darauf, die Abgabe im nächsten Durchlauf erfolgreich zu gestalten, damit du genau das anschließend belohnen kannst.

Die unsichere Birdy traut sich nicht, mit der Beute …

Probleme beim Apportieren

Beim Apportiertraining können verschiedene Probleme auftreten, die auf Trainingsfehler zurückzuführen sind:

- Dein Hund läuft nicht direkt zum Gegenstand.
- Dein Hund nimmt den Gegenstand nicht direkt auf.
- Dein Hund lässt den Gegenstand zu früh fallen.

Ursache ist oft, dass dein Hund noch nicht wirklich verstanden hat, was du von ihm erwartest. Vielleicht hast du den falschen Gegenstand ausgewählt, die Schritte zu schnell gesteigert, die Ablenkungen zu früh in das Training mit einge-

.... nahe zu Martin zu kommen. Daher hockt er sich hin und dreht sich von ihr weg, um den Beutel zu nehmen.

baut etc. Gehe dann einige Schritte im Training zurück und übe diese Verhaltensweisen.
Es gibt jedoch auch Probleme, die auf individuelle Eigenschaften deines Hundes zurückzuführen sein können.

Unsicherheit oder Besitzanspruch?

Unsichere Hunde trauen sich mit Beute im Maul gar nicht erst in die Nähe des Menschen. Wenn sie sich doch zum Menschen wagen, wählen sie oft keinen direkten Weg, sondern laufen erst noch einen Bogen oder umrunden die Person, um ihr nicht frontal gegenüber zu stehen. Damit drücken sie aus, dass sie nicht auf Konfrontation aus sind, sondern eine potenziell angespannte Situation entschärfen wollen.
Baue zuerst Vertrauen zu deinem Hund auf, er muss sich bei dir sicher fühlen. Erst dann wird er sich in kleinen Schritten trauen, auch mit Beute näher zu dir zu kommen!
Doch das Bogenlaufen kann auch eine andere Ursache haben: Manche Hunde möchten den Gegenstand lieber behalten. Der Hund befindet sich dann in einem inneren Konflikt zwischen dem gelernten Verhalten, den Gegenstand zurückzubringen, und seinem Bedürfnis, den Gegenstand zu behalten. Bei solchen Hunden ist es wichtig, den Alltag zu überprüfen. Achte auf konsequente Regeln und baue feste Strukturen im Alltag auf. Dein Hund muss lernen, sich an dir zu orientieren, bevor du in kleinen Schritten das Abgeben von Beute trainieren kannst.

Raven ist ein eher unsicherer Rüde, aus Stress uriniert er nach einer für ihn schwierigen Übung.

So erkennst du den Unterschied

Die Körpersprache hilft dir (wie immer beim Training und im Umgang mit deinem Hund!), das Verhalten richtig zu deuten und passend darauf zu reagieren:

- Unsichere Hunde zeigen beschwichtigendes Verhalten. Ihre Rute ist gesenkt, der Rücken leicht gerundet, der Kopf tief abgesenkt. Die Ohren liegen an, oft wird geblinzelt oder weggeschaut.
- Selbstsichere, besitzergreifende Hunde zeigen dagegen imponierendes Verhalten: Die Rute ist aufgerichtet, der Rücken durchgedrückt, der Kopf erhoben. Sie laufen in einem imponierenden Galopp und fixieren den Menschen selbstbewusst mit aufgerichteten Ohren.

Um ein unerwünschtes Verhalten deines Hundes richtig zu deuten, ist es daher unerlässlich, dass du die Körpersprache deines Hundes richtig lesen kannst. Übe also nicht nur das Apportieren, sondern lerne auch deinen Hund zu verstehen!

Jagdlich stark motivierte Hunde

Jagdlich stark motivierte Hunde laufen zwar auf direktem Weg mit der Beute zurück zum Menschen, schütteln den Gegenstand dabei jedoch stark. Solange dein Hund währenddessen konstant weiter zu dir kommt, ist dies kein Problem. Schütteln ist ein Element des Jagdverhaltens von Hunden und damit ein vollkommen natürliches Verhalten. Schüttelt dein Hund einen Gegenstand, zeigt dies nur, dass du den Gegenstand offensichtlich gut gewählt hast und das Apportieren deinem Hund viel Spaß macht, da er jagdlich motivierte Verhaltensweisen damit zeigt.
Natürlich soll dein Hund nun aber nicht stehenbleiben und den Gegenstand „ohne Ende" schütteln, das Bringen soll beim Apportieren im Vordergrund stehen. Ein solcher Hund hat das Apportieren noch nicht gut genug erlernt. Er empfindet starke jagdliche Erregung beim Beutemachen, welche Glücksgefühle bei ihm auslöst. Das Beutemachen ist damit selbstbelohnend und verhindert die Ausführung der Apportierhandlung.
Mit einem solchen Hund musst du im Training einige Schritte zurückgehen und das Apportieren zuverlässiger aufbauen. Reduziere den Reiz durch die Auswahl eines weniger spannenden Gegenstands, gestalte die Aufgaben einfacher durch kurze Distanzen und belohne vor allem Ausführungen ohne übermäßiges Schütteln.

Demonstration von Besitz

Manche Schwierigkeiten beim Apportiertraining hängen eng mit der Beziehung zwischen dir und deinem Hund zusammen. Hunde setzen Beute nicht nur spielerisch ein, sie nutzen sie auch gezielt, um Besitzansprüche zu verdeutlichen oder andere Hunde zu provozieren. Dieses Verhalten können sie ebenso gegenüber dem Menschen zeigen.
Läuft dein Hund zum Gegenstand, bleibt darüber stehen und fixiert dich, signalisiert er deutlich: *„Das gehört mir."* Manchmal legt er sich auch neben oder direkt auf die Beute oder platziert demonstrativ seine Pfote oder den Kopf darauf. Hebt er den Gegenstand auf, kann es sogar sein, dass er mit Beute im Maul markiert, ein klares Statement.
Aber, nicht jedes Urinieren mit Gegenstand im Maul ist automatisch Markierverhalten. Achte auch dabei immer genau auf die Körpersprache deines Hundes.
Bringt dein Hund den Gegenstand zwar zu dir, gibt ihn aber nicht oder nur widerwillig ab, indem er z. B. den Kopf seitlich wegdreht, ist auch das Ausdruck von Besitzanspruch.
In all diesen Fällen heißt es: **Ruhe bewahren!** Lass dich nicht zu einem Streit provozieren. Gehe entspannt und freundlich zu deinem Hund, der sich sicherheitshalber ja immer noch an der Schleppleine befindet. Hebe den Gegenstand kommentarlos auf und beginne das Training erneut.

Zeigt dein Hund weiterhin wenig Kooperationsbereitschaft und lässt sich nicht auf das Training mit dir ein, überprüfe die Rahmenbedingungen: Ist vielleicht die Ablenkung zu groß? Gehe im Training so weit zurück, bis dein Hund wieder kooperativ mitarbeitet.
Überprüfe parallel dazu auch eure Alltagsbeziehung. Gibt es klare Regeln und Strukturen? Denn nur wenn eure Beziehung stabil ist, wird auch das Apportiertraining langfristig erfolgreich sein.
Trainiere das Abgeben mit positiver Verstärkung: Nutze dafür anfangs ein Tauschgeschäft und verstärke dann das Abgeben mit einer besonders begehrten Belohnung.

Das Zerrseil möchte Happy – typisch Terrier – nicht gern abgeben. Sie zerrt und zieht, um es zu behalten.

Tauschgeschäft aufbauen

Viele Hunde haben ein Problem damit, Beute abzugeben: Manche sind schlichtweg extrem beutemotiviert. Andere haben eine niedrige Reizschwelle und lassen sich schnell erregen. Wieder andere nutzen Beute, um Besitz zu demonstrieren und damit ihren Status zu unterstreichen.
Ein gelassenes, zuverlässiges Abgeben kannst du mithilfe eines Tauschgeschäfts trainieren. Erstelle im ersten Schritt eine Beute-Hierarchie, also eine Einschätzung, welche Gegenstände deinem Hund wie wichtig sind. Starte das Training mit einem eher uninteressanten Objekt. Kommt dein Hund mit diesem Gegenstand zu dir zurück, präsentierst du ihm einen besonders attraktiven Futterbrocken. Anfangs kannst du diesen direkt vor seine Nase halten. Nicht jeder Hund lässt sich vom bloßen Anblick überzeugen, der Geruch ist oft der entscheidende Auslöser.
Halte den Gegenstand dabei bereits an einem Ende fest. So kannst du ihn im entscheidenden Moment sichern, wenn dein Hund ihn loslässt. Fällt er stattdessen auf den Boden, kann es sein, dass sich dein Hund blitzschnell das Futter schnappt und es herunterschluckt, und sich danach gleich wieder auf die Beute stürzt.

Signal „Aus"

Hat dein Hund verstanden, dass er den Gegenstand loslassen soll, kannst du nun noch ein Signal, wie z. B. das Wort „Aus", einführen. Verknüpfe dieses immer wieder mit dem Moment des Abgebens. Nach und nach steigerst du dann die Schwierigkeit, indem du von deinem Hund höher bewertete Gegenstände ins Training einbaust, bis er am Ende selbst seine absolute Lieblingsbeute gern abgibt.

Das Spiel geht weiter ...

Nach dem Abgeben soll dein Hund nicht das Gefühl haben, dass das Spiel damit endet und der Spaß vorbei ist. Daher solltest du, nachdem dein Hund die Beute abgegeben hat, das Spiel erneut starten und den Gegenstand werfen. Die gesamte Trainingseinheit beendest du erst nach mehreren Wiederholungen.

WECHSEL ZU ECHTER BELOHNUNG
Achte darauf, dass das Tauschgeschäft nicht dauerhaft zur „Bestechung" wird. Ziel ist, möglichst bald von der sichtbaren Belohnung in der Hand zu einer echten Belohnung zu wechseln. Dein Hund soll lernen, dass sich das Loslassen immer lohnt, nicht nur dann, wenn du etwas sichtbar in der Hand hältst. Das Tauschgeschäft dient also lediglich als Einstieg, um deinen Hund dazu zu bringen, das gewünschte Verhalten auszuführen.

Tauschgeschäft mit zwei Gegenständen

Alternativ kannst du beim Tauschgeschäft auch mit einem zweiten Gegenstand arbeiten. Dies funktioniert jedoch nur, wenn einer der Gegenstände für deinen Hund attraktiver ist. Das Problem hierbei ist jedoch, dass du jedes Mal einen aus Sicht deines Hundes höherwertigeren Gegenstand bereithalten musst. Diese Kette kannst du aber nicht beliebig weiter fortführen, da es irgendwann keinen höherwertigeren Gegenstand mehr gibt. Für diesen Fall brauchst du dann wieder eine besondere Alternative, wie z. B. ein begehrtes Futterstück.

Damit Happy lernt, auf das Signal „Aus" jede Beute loszulassen, übt Nina mit ihr das Loslassen von Beute mit einem Tauschgeschäft mit höherwertigerer Beute wie dem Futterbeutel.

Rottweiler-Labrador-Mischling Lissy liebt dynamische Spiele, wie das Apportieren ihres Spielzeugs.

Kaum hat Martin das Spielzeug geworfen, rennt sie hinterher, schnappt es sich und bringt es zurück.

Schnell soll es weitergehen! Lissy kann es kaum erwarten und springt Martin auffordernd an.

Fordern ignorieren

Viele Hunde zeigen nach einer gelungenen Apportierübung forderndes Verhalten: Sie stupsen den Menschen an, springen ihn an oder werden ungeduldig, weil die Belohnung ihrer Meinung nach nicht schnell genug kommt. Diese Forderung solltest du ignorieren und deinem Hund in dem Fall keine Belohnung geben.

Allerdings bekommt er dann für eine eigentlich gut ausgeführte Apportierübung keine Belohnung. Das kann auf Dauer frustrierend sein und ihn demotivieren. Gleichzeitig musst du aufpassen, dass sich nicht unbewusst eine Verhaltenskette einschleicht. Wartest du so lange, bis dein Hund aufhört zu stupsen und belohnst ihn dann, kann es sein, dass er folgende Verhaltenskette lernt: „Apportieren – Mensch anspringen und stupsen – kurz warten – Belohnung erhalten". Das Verhalten, das du damit unbewusst verstärkst, ist das Anspringen und Stupsen!

Was kannst du stattdessen tun?

Fordere deinen Hund auf, sich direkt nach der Abgabe der Beute auf ein ihm bekanntes Signal zu setzen oder zu legen („Sitz" oder „Down"). Ein Hund, der sitzt oder liegt, kann nicht gleichzeitig springen, und darf dann auch seine Belohnung erhalten.

Alternativ kannst du deinem Hund auch einen Schritt entgegengehen. Er wird durch die veränderte Distanz überrascht und kann das Anspringen nicht mehr wie geplant ausführen. Das bedeutet aber nicht, dass du grob auf deinen Hund zugehen oder ihn bedrängen sollst!

Unterforderung

Hat ein Hund Spaß am Apportiertraining, baut sich oft eine große Erregung auf. Der Hund erfährt beim Apportieren ähnliche Glücksgefühle wie bei der Jagd und möchte diese wieder und wieder erleben. Dabei kann es ihm dann oft gar nicht schnell genug gehen: Der Hund wird ungeduldig, bellt, hüpft und fordert dich lautstark auf, den Gegenstand sofort wieder zu werfen.

Das klingt erst einmal nach Begeisterung, ist aber in Wahrheit ein Zeichen für Unterforderung.

Martin wartet so lange, bis Lissy sich beruhigt hat. Erst wenn sie nicht mehr fordert, geht das tolle Spiel weiter.

In solchen Momenten ist zunächst Geduld gefragt, und zwar von dir. Halte den Gegenstand ruhig fest. Sprich nicht mit deinem Hund, schaue ihn nicht einmal an. Ignoriere jede fordernde Geste. Erst wenn dein Hund sich wirklich beruhigt hat und kein forderndes Verhalten mehr zeigt, geht das Spiel weiter. Jetzt darfst du den Gegenstand erneut werfen. So lernt dein Hund, sich selbst zu beherrschen und damit erfolgreich zu sein.

Doch was tun, wenn dein Hund das Apportieren schon aus dem Effeff beherrscht und sich langweilt? Dann ist es höchste Zeit für das nächste Level, es wird Zeit, das Apportiertraining variabler zu gestalten und auch Übungen zur Impulskontrolle in euer Training mit einzubauen!

Apportier-übungen

Varianten- und abwechslungsreich

Aufbau von Impulskontrolle

Hat dein Hund die Grundlagen des Apportierens verstanden und bringt dir zuverlässig die geworfenen Gegenstände, kannst du euer Training anspruchsvoller gestalten.

Dazu gehört im ersten Schritt der Aufbau der Impulskontrolle: **Dein Hund lernt zu warten, während du den Gegenstand wirfst.** Erst auf dein Signal darf er loslaufen und den Gegenstand apportieren. Später soll er vor dem Apport erst noch zu dir kommen oder eine Strecke bei Fuß laufen. So lernt er, immer ansprechbar zu bleiben. Bisher durfte dein Hund seinem Impuls, dem von dir geworfenen Gegenstand hinterherzulaufen, immer sofort nachgeben. Jetzt soll er lernen, diesen zu kontrollieren!

Signal „Bleib“

Die einfachste Übung der Impulskontrolle ist das Signal „Bleib“. Hierbei lernt dein Hund, seinem natürlichen Impuls, dir zu folgen oder zur Beute zu sprinten, nicht sofort nachzugeben. Stattdessen wartet er geduldig, bis du ihm das Startsignal gibst. Ob dein Hund dabei steht, sitzt oder liegt, hängt ganz von ihm ab. Gehört dein Hund bereits zu den Senioren, denen das Hinsetzen oder Hinlegen schwerfällt, darf er einfach stehen bleiben. Ist dein Hund dagegen noch ein Jungspund, fällt ihm das Warten meist in einer sitzenden oder liegenden Position leichter. Denke daran, dass du ihm vorab jedoch beibringst, diese Position auf dein Signal einzunehmen.

Border Collie Ray hat gelernt, sitzen zu bleiben. Stefanie hebt den Ball auch mal selbst auf, Ray darf nicht immer apportieren.

Damit Lissy lernt, länger sitzen zu bleiben, gibt Martin ihr nacheinander mehrere Leckerlis.

Im nächsten Trainingsschritt entfernt sich Martin erst einen Schritt und dann immer weiter von Lissy.

Warten im Sitzen

Die meisten Hunde können im Sitzen am besten warten. In dieser Position können sie entspannt bleiben, haben aber noch einen guten Überblick über das Geschehen. So baust du das Signal „Bleib" Schritt für Schritt auf:

1. Sitzen belohnen
Gib deinem Hund das Signal „Sitz". Belohne ihn mit mehreren kleinen Leckerlis, die du ihm eins nach dem anderen im Sitzen gibst. So lernt er: Sitzen bleiben lohnt sich.

2. Die Übung auflösen
Gehe einen Schritt auf ihn zu und gib ein Auflösesignal, z. B. „Lauf", zusammen mit einem auffordernden Handzeichen. Das sagt ihm, dass er jetzt wieder aufstehen und sich frei bewegen darf.

3. Bewegung einführen
Beginne nach einigen Wiederholungen, dich ein wenig auf der Stelle zu bewegen. Belohne deinen Hund, wenn er ruhig sitzen bleibt.

4. Distanz aufbauen
Mache nun einen Wiegeschritt von ihm weg und belohne ihn für sein Bleiben. Dann gehst du den ersten ganzen Schritt von deinem Hund weg. Warte nicht lange, sondern gehe sofort wieder zu ihm zurück und belohne ihn. Schritt für Schritt kannst du jetzt die Entfernung zu deinem Hund steigern.

5. Zeit verlängern
Bleib jedes Mal ein wenig länger stehen, wenn du dich von deinem Hund entfernt hast. Gehe dabei anfangs noch nicht weit weg. Wenn du zwei Variablen gleichzeitig steigerst, wird die Aufgabe für deinen Hund schnell zu schwer. Erst wenn dein Hund zuverlässig für zwei bis drei Minuten sitzen bleibt, steigerst du parallel dazu auch wieder die Distanz.

6. Signal einführen
Füge jetzt das Hörzeichen „Bleib" und ein sichtbares Signal hinzu, zum Beispiel die senkrecht gehaltene flache Hand, damit dein Hund sie mit der Übung verknüpft.
Steht dein Hund doch einmal auf, bringe ihn ruhig und freundlich zurück an seine Ausgangsposition und starte die Übung von vorn. Verringere dieses Mal aber die Schwierigkeit, denn er sollte jetzt Erfolg haben. So sorgst du dafür, dass dein Hund motiviert bleibt.

Nachdem Lissy das Signal „Bleib" gelernt hat, nimmt Martin während Übung das Spielzeug in die Hand.

Gegenstand auslegen

Hat dein Hund bereits gelernt, ruhig zu bleiben, auch wenn du dich entfernst? Dann darf es jetzt etwas schwieriger werden!
Nimm einen für deinen Hund gut sichtbaren Gegenstand in die Hand und entferne dich ein paar Schritte von ihm, während er wartend sitzen bleibt. Verhält er sich dabei ruhig und gelassen, gehst du zu ihm zurück und belohnst ihn für sein geduldiges Warten. So lernt dein Hund, auch bei Ablenkung konzentriert zu bleiben und auf deine Rückkehr zu warten.

Auch mit der Ablenkung durch das Spielzeug bleibt Lissy ruhig sitzen und wird dafür von Martin belohnt.

Wiederhole die Übung, danach wird es wieder schwieriger: Lege den Gegenstand nun auf den Boden, nachdem du dich von deinem Hund entfernt hast.
Es gibt zwei Möglichkeiten, den Gegenstand abzulegen:

- Du hockst dich hin und legst ihn vorsichtig auf den Boden.
- Du lässt ihn aus deiner nach unten hängenden Hand auf den Boden fallen.

Welche der beiden Varianten für deinen Hund schwieriger auszuhalten ist, lässt sich vorher nicht sagen. Manche Hunde reagieren stark auf das Hinhocken, andere wiederum auf den fallenden Gegenstand.
Probiere beides aus und finde heraus, was für deinen Hund die größere Herausforderung darstellt. Dann wählst du gezielt die passende Variante für euer Training.

Gegenstand sichern

Steht dein Hund auf, bevor du ihn freigegeben hast, hebst du den Gegenstand sofort wieder auf, ohne dass er zum Erfolg kommt und sich den Gegenstand holt. Der Gegenstand befindet sich direkt neben dir, sodass du garantiert schneller sein wirst als dein Hund! Dann bringst du ihn kommentarlos (aber freundlich!) an seinen Platz zurück und beginnst die Übung von vorn, jedoch mit einer einfacheren Variante: Behalte den Gegenstand dieses Mal in der Hand und deute das Ablegen nur an. Bleibt dein Hund sitzen, gehe zu ihm zurück und belohne ihn dafür.
Beobachtest du beim nächsten schwierigeren Versuch, dass dein Hund bei deiner Bewegung Richtung Boden unruhig wird, hebst du den Gegenstand wieder auf, direkt nachdem du ihn auf den Boden gelegt hast und belohnst ihn.
Hat er nach ein paar Wiederholungen gelernt, ruhig sitzen zu bleiben, kannst du das nächste Level angehen.

Johanna hockt sich hin und legt den Ball auf den Boden. Mischling Buddy bleibt sitzen und wartet.

Im nächsten Schritt lässt Johanna den Ball aus der Hand fallen. Auch das ist kein Problem für Buddy.

Selbst als Johanna den Ball aus dem Handgelenk ein kleines Stück wirft, bleibt Buddy entspannt sitzen.

Zurück zum Hund

Lege den Gegenstand auf den Boden und gehe ohne diesen zu deinem Hund zurück und belohne ihn. Stelle dich dabei frontal vor deinen Hund, sodass er den Gegenstand nicht mehr direkt sehen kann. Gib ihm ruhig zwei oder drei Futterstücke, er soll jetzt nicht direkt nach der ersten Belohnung zum Gegenstand losstürmen. Dann drehst du dich leicht zur Seite, zeigst in Richtung Gegenstand und schickst ihn mit dem ihm bekannten Signal zum Gegenstand, den er nun apportieren darf.
Wiederhole diese Übung, danach folgt eine weitere Variante: Du belohnst deinen Hund wie gehabt mit zwei, drei Leckerlis, sagst dann erneut „Bleib" und gehst selbst zum Gegenstand. Hebe ihn auf, komm zurück und belohne deinen Hund erneut.

Bleib unberechenbar für deinen Hund – im positiven Sinne! Er soll nie genau wissen, welche Variante als Nächstes ansteht. So bleibt er aufmerksam und lernt, auf deine Signale zu achten, anstatt eigenständige Entscheidungen zu treffen.

Werfen aushalten

Dein Hund ist inzwischen ein richtiger Profi in Sachen Impulskontrolle. Nun soll er lernen, ruhig sitzen zu bleiben, selbst wenn du einen Gegenstand wirfst. Beginne mit einer einfachen Variante: Halte den Gegenstand in einer erhöhten Handposition und lass ihn einfach zu Boden fallen. Bleibt dein Hund dabei entspannt sitzen, ist das schon ein großer Erfolg! Wiederhole diese Übung mehrmals, bevor du dann den Gegenstand ohne große Wurfbewegung leicht aus dem Handgelenk heraus zum ersten Mal ein Stück wirfst.

Zu Beginn ist es einfacher für deinen Hund, wenn du den Gegenstand seitlich neben dich wirfst.

Später kannst du den Gegenstand auch neben deinen Hund werfen, anfangs jedoch nicht zu nahe.

Schwer wird es, wenn der Gegenstand direkt neben deinem Hund landet und er sitzen bleiben soll.

Fliegt der Gegenstand über deinen Hund und landet hinter ihm, ist das eine sehr große Herausforderung.

Würfe an unterschiedliche Positionen

Nach und nach kannst du den Gegenstand nun immer weiter werfen. Starte zunächst mit Würfen, bei denen der Gegenstand seitlich von dir oder leicht hinter dir landet. Sobald dein Hund dabei zuverlässig sitzen bleibt, wirfst du den Gegenstand auch in seine Richtung, anfangs landet dieser noch weiter entfernt von ihm, später auch näher bei ihm, bis er schließlich sogar direkt neben deinem Hund liegen bleiben kann. Eine besondere Herausforderung für deinen Hund ist ein Wurf über ihn hinweg, sodass der Gegenstand hinter ihm landet. Achte darauf, zu Beginn seitlich versetzt hinter ihn zu werfen, sodass er dem Wurf mit einer kleinen Kopfdrehung folgen kann. Würde der Gegenstand zu Beginn schon direkt hinter ihm landen, ist die Versuchung für viele Hunde groß, aufzustehen, um den Wurf beobachten zu können. Und das verleitet die Hunde dann, direkt hinterherzulaufen.
Dein Hund soll mit dieser Übung lernen, sitzen zu bleiben, egal wohin der Gegenstand fliegt.

Impulskontrolle pur: Birdy soll sitzen bleiben, obwohl Martin den Ball vor ihr über den Boden rollen lässt.

Übung für Meister der Impulskontrolle

Stelle dich, anfangs mit etwas Abstand, später auch ganz nah, vor deinen Hund und lass den Gegenstand vor ihm über den Boden schlittern. Vor allem, wenn es sich bei dem Gegenstand um einen rollenden Ball oder springenden Kong handelt, ist das eine große Herausforderung für die Selbstbeherrschung deines Hundes!

Nach jeder Übung gehst du entspannt zu deinem Hund zurück und belohnst ihn für das ruhige Sitzen und Abwarten. Manchmal darf er den Gegenstand auf dein Signal holen, manchmal holst du ihn selbst. Dein Hund weiß nie, welche Variante du wählen wirst. Durch die Abwechslung im Training bleibt er immer aufmerksam auf dich!

Warteposition direkt neben dir

Damit dein Hund lernt, ruhig neben dir sitzen zu bleiben, während du einen Gegenstand weit weg wirfst, startest du mit ein wenig Abstand: Stelle dich zunächst einige Meter entfernt von deinem Hund hin, und zwar so, dass ihr beide in die gleiche Richtung blickt. Drehe dich leicht seitlich ein, sodass du ihn dennoch gut im Auge behalten kannst. Wirf den Gegenstand ein Stück nach vorn. Unterstütze deinen Hund zu Beginn noch einmal mit einem Sicht- oder Hörzeichen, das ihm deutlich macht, dass er sitzenbleiben soll. **Sollte dein Hund doch aufspringen und losrennen, bist du, weil du näher dran bist, schneller am Gegenstand. Hebe ihn auf, bringe deinen Hund kommentarlos zurück an seinen Platz und starte die Übung erneut. Dieses Mal wählst du jedoch eine einfachere Variante.**
Nach und nach verringerst du den Abstand zu deinem Hund. Hast du dich zu Beginn noch fünf Schritte von ihm entfernt, reichen beim nächsten Mal vielleicht schon drei, bis du schließlich direkt neben ihm stehst und den Gegenstand werfen kannst.

Unberechenbar bleiben

Gehört dein Hund zu den besonders beutemotivierten Exemplaren, bleib am besten weiter unberechenbar. Hole den Gegenstand immer wieder einmal selbst. Achte dabei genau auf seine Körpersprache. Zuckt er beim Wurf zusammen und kann sich nur mit Mühe zurückhalten? Dann holst du den Gegenstand selbst. Ist dein Hund dagegen entspannt und ruhig sitzen geblieben, darf er loslaufen und dir den Gegenstand bringen.

Anfangs steht Melanie noch einige Schritte vor Zelda, während sie den Dummy wirft.

Später kann Melanie direkt neben Zelda stehen und den Dummy werfen. Zelda bleibt entspannt sitzen.

WURFHAND

Für die meisten Hunde ist es anfangs einfacher, wenn du den Gegenstand mit der dem Hund abgewandten Hand wirfst. Bleibt dein Hund zuverlässig sitzen, kannst du für das Werfen auch die Hand nutzen, die sich direkt neben deinem Hund befindet.

Abwechslungsreiche Trainingsvarianten

Dein Hund bleibt nun souverän an seinem Platz sitzen, ganz gleich, wo du stehst oder wohin du den Gegenstand wirfst. Nun wird es Zeit, das Training abwechslungsreicher zu gestalten!

Von einer anderen Position aus schicken

Bisher bist du nach dem Werfen immer zu deinem Hund zurückgegangen, um ihn für das ruhige Warten zu belohnen. Erst dann durfte er (manchmal) loslaufen und den Gegenstand holen. Da dein Hund die Impulskontrolle jetzt wirklich zuverlässig beherrscht, brauchst du ihn nicht mehr jedes Mal direkt belohnen. Stattdessen kannst du ihn nun auch von dem Ort aus schicken, von dem aus du den Gegenstand geworfen hast. Besonders spannend wird das, wenn du den Gegenstand seitlich wirfst. So ergibt sich eine Dreieckssituation: Du, dein Hund und der Gegenstand bilden die drei Ecken. Dein Hund lernt, auch aus ungewohnten Winkeln zum Gegenstand zu laufen.

Um den Hund seitlich zu schicken, zeige nicht auf den Dummy, sondern halte den Arm seitlich ausgestreckt.

Chrissi schickt Lila auf den Dummy an Lilas linker Seite. Dazu streckt sie ihren rechten Arm aus.

Sichtzeichen einführen

Zur Vorbereitung auf das Training mit mehreren Gegenständen, die in verschiedenen Richtungen liegen, führst du jetzt Sichtzeichen ein. Dazu stellst du dich deinem Hund gegenüber. Liegt der Gegenstand z. B. zu seiner Rechten (also aus deiner Sicht links), streckst du deinen linken Arm seitlich aus. Liegt er zur linken Seite deines Hundes (also aus deiner Sicht rechts), kommt dein rechter Arm zum Einsatz.

Zeige dabei nicht auf den Gegenstand, sondern strecke deinen Arm wirklich gerade seitlich aus. Je größer später die Distanzen werden, desto enger würde sonst der Winkel werden, in dem dein Arm auf den Gegenstand zeigt, und dein Hund würde das Signal dann nicht mehr deutlich wahrnehmen können. Ein seitlich ausgestreckter Arm ist dagegen aus jeder Entfernung gut zu erkennen.

Verwende immer nur die Hand, mit der du direkt in Richtung des Gegenstands zeigen kannst. Klingt simpel, ist aber entscheidend! Denn wenn du z. B. mit der rechten Hand nach links zeigen willst, drehst du dabei automatisch deinen Oberkörper mit ein. Für deinen Hund kann das sehr irritierend sein: Da sich deine rechte Hand bewegt, denkt er vielleicht, dass er zum rechts von ihm liegenden Gegenstand (also zu seiner linken Seite) laufen soll. Zeigst du mit dieser Hand dann doch auf den links neben ihm liegenden Gegenstand (also zu seiner rechten Seite), ist er vielleicht schon in Richtung des anderen Gegenstands gestartet. Du bist so körpersprachlich für ihn nicht mehr eindeutig lesbar.

Würde Chrissi ihren linken Arm nehmen, wäre dieses Signal nur schwer für Lila zu erkennen.

Bevor Maya den Dummy apportieren darf, gibt Sophie ihr zunächst noch das Signal, sich hinzulegen.

Und noch etwas kommt hinzu: Ein Arm, der quer über den Körper zeigt, ist auf Distanz viel schlechter zu sehen als ein Arm, der deutlich zur Seite ausgestreckt wird. Nutze also immer die dem Gegenstand zugewandte Hand.

Auch jetzt bleibt die wichtigste Regel: Bleib unvorhersehbar und variiere das Training! Dein Hund soll nie im Voraus wissen, ob du ihn direkt von der Wurfposition aus schickst oder ob du erst noch zu ihm zurückkommst und ihn dann von dort aus schickst. Beobachte deinen Hund genau: Zuckt er schon beim Wurf und wirkt wie auf dem Sprung? Dann gehe unbedingt zu ihm zurück und belohne, dass er sitzengeblieben ist. Er muss lernen, dass sich Geduld auszahlt. Sitzt er dagegen ganz ruhig und gelassen? Dann darf er auf dein Signal loslaufen.

Maya beherrscht das Signal „Fuß" perfekt. Selbst die Drehung am Dummy vorbei ist für sie kein Problem.

Positionswechsel und Richtungsänderung

Eine tolle Möglichkeit, das Apportiertraining noch abwechslungsreicher und anspruchsvoller zu gestalten, ist das Einbauen von Positionswechseln und Richtungsänderungen. Bevor dein Hund also den geworfenen Gegenstand apportieren darf, soll er zunächst eine andere Körperposition einnehmen, also sich hinlegen, sich setzen oder aufstehen.

Wichtig ist, dass dein Hund diese Positionen bereits erlernt hat und sie auch ohne zusätzliche Ablenkung zuverlässig ausführt. Den Positionswechsel kannst du sowohl direkt neben dir als auch auf Entfernung trainieren. Entscheidend ist, dass dein Hund versteht: Erst, wenn er die zusätzliche Aufgabe erfüllt hat, darf er loslaufen und den Gegenstand holen.

Positionswechsel im Fuß

Eine weitere spannende Variante im Apportiertraining besteht darin, dass dein Hund vor dem Apportieren zunächst einige Schritte „Fuß" mit dir läuft. Wichtig ist natürlich, dass dein Hund dieses Signal bereits ohne Ablenkung zuverlässig beherrscht.
Nachdem du den Gegenstand geworfen hast, sagst du das Signal „Fuß" und läufst gemeinsam mit deinem Hund los. Du kannst dabei verschiedene Varianten ausprobieren: auf den Gegenstand zulaufen, seitlich davon weglaufen oder sogar eine komplette Kehrtwende machen, sodass ihr euch vom Gegenstand entfernt. Welche Variante deinem Hund leichter fällt, ist individuell unterschiedlich, probiere es einfach aus. Manche Hunde haben Schwierigkeiten, sich vom Gegenstand abzuwenden, weil sie ihn aus den Augen verlieren. Anderen fällt die Annäherung an die Beute schwer, ohne direkt loszustürmen.

DREHUNG IN RICHTUNG HUND

Beginne mit einer Drehung in Richtung deines Hundes, sodass du dich zwischen ihm und dem Gegenstand positionierst. Das macht es für deinen Hund leichter, die Beute liegenzulassen. Falls er doch durchstartet, bist du näher am Gegenstand und kannst schneller reagieren und diesen aufheben. Erst wenn das zuverlässig funktioniert, kannst du dich in die andere Richtung abwenden, bei der dein Hund bei der Drehung direkt am Gegenstand vorbeiläuft und diesen die ganze Zeit wahrnimmt.

Erst trainiert Sophie die Drehung auf Maya zu, da sie so zwischen ihr und dem Dummy geht.

Maya kann sich so ganz auf Sophie konzentrieren, die Ablenkung durch den Dummy ist nur gering.

Daria steht zu Beginn nicht weit entfernt von Sama, der Dummy liegt dagegen weiter entfernt von der Aussie-Hündin.

Diese Übung ist die perfekte Vorbereitung für komplexere Apportieraufgaben, bei denen mehrere Gegenstände ins Spiel kommen. Denn dabei muss dein Hund den Blick vom ersten Gegenstand lösen, da er sonst nicht den Wurf des zweiten Gegenstands verfolgen könnte. Zudem muss er lernen, den Ort, an dem der erste Gegenstand liegt, in seinem Gedächtnis zu speichern, also „zu markieren“. Wenn ihr euch bei dieser Übung umdreht, um vom Gegenstand wegzulaufen, oder euch seitlich entfernt, muss dein Hund sich die Position des Gegenstands merken, um ihn später sicher wiederfinden zu können. Ein idealer Einstieg ins Markiertraining (siehe S. 141 f.)!

Rückruf

Eine weitere spannende Trainingsvariante: Bevor dein Hund den Gegenstand apportieren darf, rufst du ihn zunächst zu dir. Voraussetzung dafür ist, dass dein Hund das Signal „Hier“ bereits ohne Ablenkung zuverlässig ausführen kann.
Die einfachste Variante dieser Übung ist, wenn du genau zwischen deinem Hund und dem Gegenstand stehst. Wirf den Gegenstand so, dass er aus Sicht des Hundes hinter dir landet. Rufe deinen Hund zu dir und nimm ihn direkt mit einem

ÜBERGANG ZUR RICHTIGEN BELOHNUNG

Zu Beginn darfst du deinen Hund ruhig mit dem Leckerli locken, also so, dass er es schon von Weitem sieht. Schon bald solltest du aber zum echten Belohnen übergehen. Du holst die Belohnung dann erst hervor, wenn dein Hund bei dir angekommen ist. So vermeidest du, dass er nur wegen des sichtbaren Futters kommt.

begehrten Leckerli in Empfang. Vor allem, wenn dein Hund eine starke Beutemotivation besitzt, lernt er so, dass es sich für ihn auch wirklich lohnt, zu dir zu kommen anstatt zur Beute zu rennen.

Wurfrichtung variieren

Die Übung fällt meist leichter, wenn der Gegenstand in einigem Abstand seitlich neben deinem Hund liegt. So verliert er die Beute aus dem Blick, sobald er sich in Bewegung setzt. Dadurch ist er weniger in Versuchung, sich spontan umzuentscheiden und doch zum Gegenstand zu rennen. Liegt der Gegenstand dagegen in einigem Abstand seitlich neben dir, bleibt er die ganze Zeit über im Blickfeld deines Hundes, was die Versuchung deutlich erhöht. Starte mit einer weiteren Distanz, bevor der Gegenstand dann auch näher neben deinem Hund bzw. neben dir liegen kann.

Jetzt folgt die echte Bewährungsprobe:
Du wirfst den Gegenstand exakt zwischen dich und deinen Hund. Für viele Hunde ist das eine riesige Herausforderung, den Gegenstand auf dem Weg zu dir liegenzulassen!
Baue auch diese Übung unbedingt in kleinen Schritten auf. Anfangs landet der Gegenstand noch seitlich, deutlich entfernt von der gedachten Linie zwischen euch beiden. Wenn du deinen Hund nun rufst, muss er am Gegenstand vorbeilaufen, soll ihn aber ignorieren und liegenlassen. Sobald das zuverlässig klappt, wirfst du den Gegenstand Schritt für Schritt näher an die gedachte Linie zwischen euch beiden.
Ziel ist es, dass dein Hund am Ende direkt über den Gegenstand hinweg zu dir läuft, ohne ihn auch nur zu beachten oder sich ablenken zu lassen.

Später ist es genau umgekehrt: Der Dummy liegt direkt neben Sama, während Daria weit vom Hund weg steht.

Sama soll nun lernen, den Dummy liegenzulassen, wenn er mittig zwischen Daria und der Hündin liegt.

Der Dummy liegt anfangs weit, später nur ein wenig von der Linie zwischen Daria und Sama entfernt.

Im letzten Schritt liegt der Dummy genau zwischen Daria und Sama. Die Hündin soll den Dummy ignorieren und liegenlassen, wenn sie auf den Rückruf zu Daria läuft.

Sama hat die Übung verstanden: Ohne Zögern läuft sie am Dummy vorbei, auf direktem Weg zu Daria.

Test: Hat dein Hund die Übung wirklich verstanden?

Um das herauszufinden, wirf den Gegenstand beim nächsten Durchgang wieder genau zwischen dich und deinen Hund. Fordere ihn nun auf, den Gegenstand zu apportieren. Im nächsten Durchlauf folgt der eigentliche Test: Gleicher Aufbau, gleicher Wurf, aber dieses Mal rufst du deinen Hund mit dem Signal „Hier" zu dir. Wenn er den Gegenstand ignoriert und direkt zu dir kommt, weißt du: Er hat die Aufgabe verstanden! „Hier" bedeutet dann für deinen Hund: *„Lass sofort alles stehen und liegen und komm auf direktem Weg zum Menschen, ohne dich mit anderen Dingen zu beschäftigen."*

Kombination aller Varianten

Dein Hund beherrscht inzwischen viele unterschiedliche Übungen aus dem Apportiertraining. Nutze dein Trainingsrepertoire kreativ und bringe Abwechslung ins Spiel. Kombiniere verschiedene Elemente miteinander und steigere die Schwierigkeit Schritt für Schritt. Je geübter dein Hund ist, desto komplexer darf die Aufgabe werden. So bleibt das Training spannend und fördert die Konzentration sowie die Lernfreude deines Hundes.

So könnte eine kombinierte Trainingssequenz aussehen

1. Dein Hund sitzt ruhig neben dir.
2. Wirf einen Gegenstand, den dein Hund kennt und gern apportiert.
3. Drehe dich mit deinem Hund um und laufe einige Schritte gemeinsam mit ihm vom Gegenstand weg.
4. Lass ihn an der neuen Position sitzen, entferne dich von ihm und positioniere dich so, dass ihr, also du, dein Hund und der Gegenstand, ein Dreieck bildet.
5. Gib deinem Hund das Signal, sich hinzulegen.
6. Rufe ihn zu dir. Nun richtet ihr euch gemeinsam auf den Gegenstand aus, den er auf dein Apportiersignal zu dir bringen darf.

Apportieren mit zwei Gegenständen

Jetzt wird's richtig spannend: Dein Hund ist bereit für den nächsten Schwierigkeitsgrad, das Training mit zwei Apportiergegenständen. Damit eröffnen sich unzählige neue Kombinationsmöglichkeiten und Varianten, um dein Apportiertraining noch vielseitiger und anspruchsvoller zu gestalten.
Wichtig ist dabei, dass beide Gegenstände für deinen Hund gleich attraktiv sind. Hast du bisher mit einem Dummy gearbeitet, verwende für die neuen Übungen ein identisches Modell – gleiche Größe, Form, Material und Farbe.
So verhinderst du, dass dein Hund einen Gegenstand bevorzugt oder den neuen als „besonders lohnenswert" einstuft.
Manche Hunde finden trotzdem automatisch den neuen Gegenstand spannender, einfach nur, weil er neu ist. Andere wiederum wollen immer am liebsten nur den bekannten Gegenstand ins Maul nehmen. In dem Fall hilft ein kleiner Trick: Lege den vertrauten Gegenstand für eine Weile beiseite und trainiere mit dem neuen, bis dein Hund auch diesen zuverlässig apportiert. Danach kannst du beide im Wechsel einsetzen, sodass dein Hund lernt, dass beide gleichwertig sind.

Für die erste Übung mit zwei Dummys hat Daria einen Dummy vor und einen Dummy hinter sich und ihre Hündin gelegt. So steht sie vor dem zweiten Dummy, wenn Daria auf dem Rückweg ist.

Aufbau der Übung

Beginne, indem du dich neben deinen Hund stellst und den ersten Gegenstand nach vorn wirfst. Dreht euch gemeinsam um 180 Grad. Sobald dein Hund wieder ruhig sitzt, wirfst du den zweiten Gegenstand in die entgegengesetzte Richtung, sodass ihr beide genau zwischen den zwei Gegenständen steht. Schicke deinen Hund nun zum zuletzt geworfenen Gegenstand. Belohne ihn für das Bringen, bevor ihr euch gemeinsam umdreht, um den ersten Gegenstand zu fokussieren. Achte dabei auf die Körpersprache deines Hundes. Sobald du erkennst, dass er den ersten Gegenstand wahrgenommen hat, darf er ihn auf dein Signal apportieren. Sichere deinen Hund zunächst mit einer Schleppleine. Einige Hunde laufen zwar zunächst zum ersten Gegenstand und nehmen diesen auf, sehen auf dem Rückweg zum Menschen dann jedoch den zweiten Gegenstand und wollen diesen auch direkt noch holen. Indem du die Schleppleine einsammelst, während dein Hund mit dem ersten Gegenstand zu dir läuft, kannst du verhindern, dass er an dir vorbeiläuft, um zum zweiten Gegenstand zu laufen.

Winkel schrittweise verkleinern

In der nächsten Schwierigkeitsstufe soll dein Hund den zuerst geworfenen Gegenstand holen, bevor er den zweiten apportiert. In einer weiteren Variante kannst du schrittweise den Winkel zwischen den beiden Gegenständen von 180 Grad auf 120 Grad und später auf 90 Grad reduzieren. Bei einem Winkel unter 45 Grad wird es richtig anspruchsvoll, deinen Hund genau auf den gewünschten Gegenstand auszurichten und zu schicken, vor allem, wenn die Gegenstände sehr weit weg von euch beiden liegen.
Jetzt ist es wichtig, dass du deinem Hund genau die Richtung anzeigst. Dazu hältst du entweder deine rechte oder deine linke Hand neben den Kopf deines Hundes und zeigst damit auf den zu holenden Gegenstand.

Daria gibt Sama das Signal, den ersten Dummy zu apportieren. Dazu zeigt sie in die Richtung des Dummys.

Sama bringt den Dummy zu Daria, ohne sich vom zweiten Dummy ablenken zu lassen.

Andrea zeigt mit der Hand auf das linke Dummy, sodass Gwennie genau weiß, welches Dummy sie holen soll.

Absenken der Hand

Dein Hund hat bisher gelernt, dass er auf ein Zeichen von dir direkt loslaufen darf. Selbst wenn du ihn bisher nur mit dem Hörzeichen und nicht mit einem Handzeichen zum Apportieren geschickt hast, könnte er das Absenken deiner Hand neben seinen Kopf als Startsignal auffassen. Sage ihm daher vorab das Signal „Bleib". Übe das Absenken der Hand zunächst, ohne dass du einen Gegenstand geworfen hast. Erst dann verknüpfe es mit der hier beschriebenen Übung.

Bleibt dein Hund zuverlässig sitzen, wenn du die Hand neben seinem Kopf hältst, um ihn auf den Gegenstand auszurichten, ist das eine gute Vorübung für das Einweisen (siehe S. 152 f.), bei dem dein Hund sich in der Verlängerung deiner Hand auf einen Punkt in der Umgebung fokussieren soll, um die Richtung einzuhalten.

Zu Beginn liegen die Dummys im 90°-Winkel, für Gwennie ein Leichtes, den richtigen Dummy zu holen.

Je enger der Winkel wird, je näher die Dummys also beieinander liegen, desto schwieriger wird die Übung für Gwennie.

Beim Schicken mit der rechten Hand steht Andrea Gwennie zugewandt, muss sich aber etwas eindrehen, um sie nicht zu bedrängen.

Beim Schicken mit der linken Hand verdeckt Andrea Gwennie etwas, sodass sie nicht sehen kann, ob Gwennie richtig fokussiert ist.

Mit welcher Hand soll ich schicken?

Probiere einfach aus, mit welcher Hand du deinen Hund schicken willst. Sitzt dein Hund links neben dir und du entscheidest dich für die linke Hand, achte darauf, diese hoch genug zu halten, um deinen Hund nicht zu bedrängen. Entscheidest du dich dagegen für die rechte Hand, achte darauf, dass du dich leicht zu deinem Hund eindrehst, damit deine Hand wirklich vor bzw. direkt neben dem Kopf deines Hundes ist. Die Hand zeigt deinem Hund die Richtung und hilft ihm, zu fokussieren, indem er sich in Verlängerung zur Hand auf den Gegenstand ausrichtet. Wechsle aber nicht ständig die Hand, der Vorgang soll für deinen Hund eine feste Routine werden.

Zwei und mehr Gegenstände

Nun soll dein Hund lernen, auf deine Richtungsanweisung einen bestimmten Gegenstand zu apportieren, auch wenn du dich in einiger Entfernung zu ihm befindest. Stelle dich gegenüber deinem Hund auf und wirf einen Gegenstand rechts und einen links neben ihn. Strecke z. B. deine rechte Hand seitlich aus, um ihn auf den aus deiner Sicht rechts neben ihm liegenden Gegenstand zu schicken.

Du hast jetzt zwei Möglichkeiten:

1. Bringe deinen Hund in seine Ausgangsposition zurück und schicke ihn mit der seitlich ausgestreckten linken Hand auf den linken Gegenstand.
2. Setze deinen Hund neben dich, richte ihn auf den verbliebenen Gegenstand aus und schicke ihn aus dieser Position zum Apportieren.

Für viele Hunde ist die zweite Variante anspruchsvoller, da sie das zuvor erstellte „Bild" auf eine neue Perspektive übertragen müssen. Anfangs kann es daher passieren, dass dein Hund in eine falsche Richtung läuft. Schicke ihn erst los, wenn du sicher bist, dass er den richtigen Gegenstand wahrgenommen hat. Gut sichtbare Gegenstände in Weiß, Gelb oder Blau können dabei hilfreich sein.
Beginne das Training, indem du deinen Hund auf den zuletzt geworfenen Gegenstand schickst, da dieser ihm noch frisch im Gedächtnis ist und

Filou soll den rechts neben ihm liegenden Dummy apportieren und den linken Dummy ignorieren.

Dennis schickt den Labrador mit dem seitlich ausgestreckten linken Arm in Richtung des Dummys.

Nachdem Filou den ersten Dummy gebracht hat, schickt Dennis ihn von dieser Position zum zweiten.

Filou hat sich die Stelle, wo der zweite Dummy liegt, gut gemerkt und bringt ihn freudig zu Dennis.

POSITION DES VERLEITGEGENSTANDS

1. Verleitung fällt hinter dich
Damit dein Hund lernt, den Verleitgegenstand zu ignorieren, sich aber dennoch zu merken, wohin dieser fällt, wirfst du ihn zunächst aus Sicht deines Hundes hinter dich. Dein Hund müsste an dir vorbeilaufen, um ihn zu erreichen. Hat er die Grundlagen des Apportiertrainings verinnerlicht, wird er jedoch zuerst zu dir kommen und den aufgenommenen Gegenstand korrekt abgeben.

2. Verleitung fällt seitlich
Im nächsten Schritt wirfst du den Verleitgegenstand seitlich. Achte darauf, anfangs stets einen deutlichen Winkel zwischen Hund und Verleitgegenstand einzuhalten.

3. Verleitung fällt vor deinen Hund
Hat dein Hund das Prinzip verstanden, kannst du den Gegenstand sogar direkt vor deinen zurückkommenden Hund werfen, sodass er auf dem Rückweg darüber hinweglaufen muss.

4. Verleitung fällt während des Apports
In einer anspruchsvolleren Variante wirfst du den Verleitgegenstand, während dein Hund sich noch auf dem Weg zum Gegenstand befindet, den er apportieren soll. Den Wurf soll er dabei beobachten können. Auch hierbei beginnst du mit einem großen Winkel. Wenn dir ein Helfer zur Verfügung steht, kann dieser sich leicht seitlich versetzt zum Zielgegenstand positionieren und den Verleitgegenstand werfen.

Bei allen Varianten darf dein Hund den Verleitgegenstand gelegentlich ebenfalls apportieren. Achte daher gut darauf, wo dieser landet, damit du ihn vor dem Schicken später gezielt darauf ausrichten kannst.

Jamie hat gelernt, einen Dummy sofort zu bringen, wenn er ihn gefunden hat, auch wenn weitere Dummys versteckt sind.

Maya kann nichts aus dem Konzept bringen: Selbst die Verleitung durch den Beutel an der Reizangel stört sie nicht.

Verleitgegenstand an der Reizangel

Das Training mit einem an der Reizangel befestigten Verleitgegenstand ist nur etwas für Fortgeschrittene! Lass deinen Hund zunächst einen Gegenstand apportieren. Während er mit dem aufgenommenen Gegenstand auf dem Rückweg ist, bewegst du den Verleitgegenstand an der Reizangel anfangs vorsichtig, später auch zügig über den Boden.

Zu Beginn solltest du den Verleitgegenstand erst dann bewegen, wenn dein Hund den Gegenstand, den er apportieren soll, bereits aufgenommen hat und noch weit entfernt vom Verleitgegenstand an der Reizangel ist. Mit zunehmendem Trainingsfortschritt kannst du den Bewegungszeitpunkt immer weiter nach hinten verschieben, bis dein Hund auf seinem Rückweg nahezu über den Verleitgegenstand hinweg laufen muss.

Hast du einen Helfer, kann dieser den Gegenstand an der Reizangel auch auf dem Hinweg deines Hundes zum Gegenstand, den er apportieren soll, bewegen. Diese Variante ist deutlich schwieriger und erfordert bereits ein sehr hohes Maß an Impulskontrolle von deinem Hund! Einfacher ist es hierbei, wenn der Helfer seitlich steht, und den Verleitgegenstand in einem größeren Abstand zu deinem Hund bewegt.

Abrufen vom Gegenstand

Damit du deinen Hund zuverlässig von einem Gegenstand abrufen kannst, muss er zuvor einen sicheren Rückruf beherrschen. Der folgende Trainingsaufbau zeigt dir, wie du diesen Schritt für Schritt aufbaust.

Der perfekte Rückruf

Der Einstieg: Beginne in einem ruhigen Umfeld, in dem dein Hund frei herumlaufen kann, idealerweise auf einem kleinen, eingezäunten Gelände ohne viel Ablenkung.

Stephanie wirft den Futterbeutel, während Tysha ruhig wartet.

Nach dem Signal von Stephanie läuft sie freudig Richtung Beutel.

Kurz vor dem Futterbeutel pfeift Stephanie Tysha zurück.

Der Aufbau: Locke deinen Hund zunächst spielerisch zu dir: durch Schnalzen, freundliche Rufe, Hinhocken oder ein paar Rückwärtsschritte. Kommt er zu dir, belohnst du ihn sofort, am besten mit einer besonders attraktiven Belohnung, etwa Leberwurst aus der Tube oder Fleischwurst. Danach lässt du ihn wieder frei laufen.

Wiederhole diese Übung einige Male. Sobald dein Hund zuverlässig und freudig zu dir kommt, führst du dein Rückrufsignal ein, zum Beispiel einen Pfiff. Wichtig: Führe den Pfiff erst aus, kurz bevor dein Hund bei dir ist. So verringerst du die Gefahr, dass er doch noch durch etwas anderes abgelenkt wird und wieder wegläuft.

Das Signal: Am besten eignet sich ein Doppel- oder Dreifachpfiff (z. B. „Piep-Piep-Piep"), da dieser für den Hund einen auffordernden, motivierenden Charakter hat. Ein einzelner langer Pfiff wirkt oft weniger anspornend.

Die Freigabe: Wenn dein Hund bei dir angekommen ist, darf er erst wieder loslaufen, wenn du ihn bewusst freigibst. Dazu kannst du zum Beispiel das Signal „Lauf" verwenden, begleitet von einer auflösenden Handbewegung und einem Schritt in seine Richtung.

Ablenkungen einbauen: Im weiteren Verlauf pfeifst du nun immer früher, bis der Pfiff zum Signal für das Kommen für deinen Hund geworden ist. Nun kannst du nach und nach die Ablenkung steigern. Beginne mit leicht ablenkenden Umgebungen und steigere die Schwierigkeit schrittweise. Achte darauf, dass dein Hund möglichst nie die Erfahrung macht, dass er den Rückruf ignorieren kann. Bleib in jeder Trainingssituation so erfolgreich wie möglich.

Trainingsaufbau

Reagiert dein Hund auch unter Ablenkung zuverlässig auf deinen Rückruf, kannst du diesen gezielt in das Apportiertraining integrieren. Ziel ist es, dass dein Hund auch in hoher Erregungslage, z. B. auf dem Weg zum Gegenstand, sofort auf dein Rückrufsignal reagiert.

- Wirf zunächst einen Gegenstand weit weg.
- Stelle dich etwa zwei bis drei Meter von deinem Hund entfernt zwischen ihn und den geworfenen Gegenstand.
- Schicke ihn zum Apportieren des Gegenstands.
- Sobald dein Hund an dir vorbeiläuft, gibst du das Rückrufsignal (z. B. den Pfiff) und belohnst ihn sofort, wenn er reagiert. Die Belohnung solltest du unbedingt griffbereit haben, damit du schnell und präzise reagieren kannst.

Ohne zu zögern dreht Tysha vor dem Futterbeutel um und rennt zügig zurück zu Stephanie. Dort angekommen, bekommt sie ein Leckerli.

Jetzt schickt Stephanie sie erneut in Richtung des Futterbeutels.

Im weiteren Verlauf des Trainings variierst du den Zeitpunkt des Rückrufs:

— zuerst direkt beim Vorbeilaufen,
— dann, wenn dein Hund schon ein Stück an dir vorbeigelaufen ist,
— und schließlich kurz bevor er den Gegenstand erreicht.

Auch deine eigene Position änderst du schrittweise: Reduziere die Distanz zu deinem Hund, bis du schließlich direkt neben ihm stehst. Achte aber darauf, in jeder Übung immer nur eines der beiden Elemente zu verändern!
Nach einem erfolgreichen Rückruf kannst du einen anderen Gegenstand werfen, den er dann bringen darf, oder ihn erneut zum ursprünglichen Gegenstand schicken. Diesen soll dein Hund nun aber auch tatsächlich apportieren. Achte dabei darauf, ihn für das korrekte Ausführen besonders zu loben, damit er motiviert bleibt.

Tysha darf den Futterbeutel apportieren. Sie bringt ihn freudig zu Stephanie und wird für die Übung belohnt.

Abrufen nicht übertreiben

Besonders intrinsisch motivierte Hunde, die einfach Spaß am Apportieren haben, kannst du auch mehrfach hintereinander vom Gegenstand abrufen. Achte aber darauf, es nicht zu übertreiben. Wiederholst du das Abrufen zu oft, kann es passieren, dass dein Hund entweder frustriert wird und den Rückruf ignoriert oder gar nicht mehr losläuft, weil er erwartet, sowieso abgerufen zu werden. Gestalte das Training daher unvorhersehbar. Mal darf dein Hund den Gegenstand holen, mal rufst du ihn zurück. Dein Hund darf also nie wissen, was für eine Übung gleich folgt.

Abstoppen vor dem Gegenstand

Bevor du deinen Hund zuverlässig vor einem Gegenstand stoppen kannst, muss er zunächst gelernt haben, in einer ablenkungsfreien Situation auf ein Signal sicher anzuhalten.
Das Abstoppen deines Hundes mit einem Signal ist ein wichtiger Baustein im Training. Der Aufbau erfolgt ähnlich wie beim Abrufen. Du kannst hierzu ebenfalls die Pfeife einsetzen.

Die Stopp-Position

Überlege dir zunächst, welche Position dein Hund nach dem Stopp-Pfiff einnehmen soll.

- Stehenbleiben („Steh") ist anspruchsvoll, da die Versuchung, doch weiterzulaufen, aus dem Stehen heraus relativ groß ist.
- Sich hinlegen („Down") signalisiert klar Ruhe, jedoch brauchen einige Hunde relativ lange, bis sie liegen.
- Sich hinsetzen („Sitz") ist für die meisten Hunde eine gut umsetzbare, eindeutig verharrende Position.

Das Signal

Für das Abstoppen eignet sich ein einzelner, langgezogener Pfiff. In Bewegung, vor allem bei höherem Tempo, ist dieser für deinen Hund besser wahrnehmbar als ein kurzer Ton.

Der Aufbau

Beginne in einer reizarmen Umgebung, während dein Hund sich frei bewegt und nicht zu weit entfernt ist.

1. Sprich deinen Hund an, um seine Aufmerksamkeit zu bekommen.
2. Gib das neue Signal, einen langen Pfiff.
3. Unmittelbar danach gibst du das deinem Hund bekannte Signal für die gewünschte Position (z. B. „Sitz"). Da du nach dem Pfeifen nicht gleich sprechen kannst, ist es hilfreich, ein Sichtzeichen zu verwenden. Die meisten Hunde kennen bereits ein Handzeichen für Sitz, Down oder Steh, nutze dieses nun parallel zum bzw. direkt nach dem Pfiff.
4. Hat dein Hund sich wie gewünscht verhalten, belohnst du ihn unmittelbar.
5. Wiederhole die Übung mehrmals. Nach und nach wird dein Hund den Pfiff mit dem Verhalten verknüpfen und du kannst auf das Sichtzeichen verzichten.

ZUERST PFEIFEN, DANN DAS ZEICHEN FÜR DAS BEKANNTE SIGNAL GEBEN!
Gibst du zuerst das Signal für „Sitz" und pfeifst danach, besteht die Gefahr, dass dein Hund bereits korrekt reagiert, den Pfiff dabei aber gar nicht mehr bewusst wahrnimmt. Dann bleibt das neue Signal bedeutungslos.

Kirsten hat den Wurf mit dem Ball nur angetäuscht. Lotta dreht sich um und setzt sich auf den Pfiff hin.

Die Entfernung steigern

Hat dein Hund das Grundprinzip verstanden, vergrößere langsam den Abstand, in dem du ihn mit dem Pfiff stoppen willst. Entfernt er sich in Erwartung auf das Signal irgendwann nicht mehr von dir, kannst du mit einer kleinen Übung mehr Dynamik einbauen.

1. Nimm einige gut sichtbare Käsewürfel, sie heben sich in der grünen Wiese farblich gut ab.
2. Halte einen Käsewürfel in der Hand gut sichtbar über deinen Kopf.
3. Wirf ihn in weitem Bogen über deinen Hund hinweg, sodass er hinterherjagen und ihn schnell finden kann.
4. Warte, bis dein Hund zu dir zurückkommt.
5. Wiederhole dies einige Male, bis er die Spielstruktur kennt.
6. Täusche nun den Wurf nur an. Da dein Hund den echten Wurf von dieser Bewegung nicht unterscheiden kann, läuft er trotzdem los. Sobald er feststellt, dass kein Käse auf dem Boden liegt, wird er stehenbleiben und dich anschauen.
7. Nutze diesen Moment, um das neue Stopp-Signal zu geben.
8. Gehe zu deinem Hund, sobald er gestoppt hat, und belohne ihn dort. Alternativ kannst du auch nur ein Lobwort („Prima!") sagen und den Käse anschließend in seine Richtung werfen. Nutze dafür wieder den Wurf aus der über deinem Kopf gehaltenen Hand. Die nach oben gehaltene Hand kannst du später als Sichtzeichen für dein Stopp-Signal nutzen.
3. Täusche den Wurf nicht mehrfach hintereinander an, sonst wird dein Hund misstrauisch und entfernt sich irgendwann nicht mehr von dir. Du musst also den Käse mehrfach hintereinander werfen und deinen Hund hinterherlaufen lassen.

01

02

03

04

05

06

01 Kirsten wirft das Spielzeug nach vorn, während Golden Doodle Lotta neben ihr sitzt und wartet.

02 Kirsten schickt Lotta mit einem Handzeichen und dem Signal „Bring“ in Richtung des Spielzeugs.

03 Kurz bevor Lotta am Spielzeug angekommen ist, stoppt Kirsten sie mit dem Stopp-Pfiff und der erhobenen Hand.

04 Kirsten belohnt Lotta an der Stelle dafür, dass diese sofort angehalten und sich hingesetzt hat.

05 Danach geht Kirsten an ihre ursprüngliche Position zurück und schickt Lotta von dort aus zum Apportieren.

06 Lotta hat die Übung perfekt durchgeführt und bringt das Spielzeug freudig zu Kirsten zurück.

Markierung

Bei der Markierung wirft ein Helfer den Dummy in einiger Entfernung, während das Mensch-Hund-Team den Wurf beobachtet und sich die Fallstelle genau einprägt.

Sowohl der Hund als auch der Mensch sehen die Flugbahn des Dummys und wissen, wo er gelandet ist! Der Hund soll bei der Markierung ruhig neben dem Menschen sitzenbleiben, bis er das Signal zum Apportieren erhält. Dieses ruhige Abwarten nennt man im Dummytraining auch Steadiness. Der Hund muss sich die Fallstelle des Dummys merken, denn nicht immer darf er ihn sofort holen. Manchmal wird noch ein weiterer Dummy geworfen, den er sich ebenfalls merken soll. In anderen Fällen wird der Hund zunächst auf einen versteckten Dummy eingewiesen (siehe S. 150 ff.), bevor er schließlich die Markierung apportieren darf. Falls kein Helfer zur Verfügung steht, kannst du auch auf technische Hilfsmittel wie den Dummy Launcher zurückgreifen.

Markierungen mit Helfer

Dein Hund soll lernen, Dummys auch dann zuverlässig zu apportieren, wenn nicht du, sondern ein Helfer sie wirft. Dabei muss er aufmerksam beobachten, wo der Wurf herkommt, denn der Dummy fliegt nun nicht mehr direkt aus deiner Nähe los. Anfangs weiß dein Hund genau, wo der Helfer steht. Später wird es schwieriger: Dann muss er selbstständig erkennen, wo sich der Helfer im Gelände befindet, da ihm diese Position vor dem Wurf nicht bekannt ist. Dazu macht der Helfer kurz vor dem Wurf ein Geräusch („Brrt" oder „Hepp-hepp"), das den Schuss simuliert.

Distanzen langsam steigern

Beginne mit kurzen Distanzen von nur wenigen Metern, damit dein Hund sich an die veränderte Situation gewöhnen kann. Schritt für Schritt kannst du die Entfernung vergrößern, Fortgeschrittene arbeiten mit Entfernungen von bis zu 150 oder 200 Metern. Beachte jedoch: Je größer die Distanz und je dichter der Bewuchs, desto schwerer fällt es deinem Hund, die Fallstelle präzise zu markieren. Dein Hund soll dennoch auch bei weiteren Distanzen die Stelle in etwa markieren und möglichst exakt ansteuern, und nicht etwa in eine große Suche starten, um den Dummy zu finden.

Aufbau des Trainings

Beginne mit einfachen Markierungen in ebenem, übersichtlichem Gelände ohne hohen Bewuchs. Um deinem Hund das Einschätzen von Distanzen zu erleichtern, bleibt die Wurfposition des Helfers konstant, während ihr euch nach und nach weiter

Anfangs steht der Helfer noch nah und gut sichtbar für den Hund.

nach hinten bewegt. Dies erleichtert deinem Hund das Einschätzen der Entfernung, denn so verändert sich für ihn die Entfernung zum Dummy, aber nicht die Fallstelle.
Im Gegensatz dazu wäre es kontraproduktiv, wenn der Helfer sich bei jedem Wurf weiter vom Hund und dir entfernt. Der Dummy würde dann jedes Mal an einer neuen Stelle landen, was deinem Hund die Orientierung erschweren würde. Zudem müsste er auf dem Weg zum neuen Dummy häufig über frühere Fallstellen laufen, wo sich am Boden immer noch der Geruch der vorherigen Markierung befindet. Das kann für unerfahrene Hunde eine starke Verleitung darstellen.
Mit erfahrenen Hunden solltest du dagegen gezielt trainieren, dass sie lernen, einen Dummy auch über eine alte Fallstelle hinweg zu markieren. Sie sollen ohne das Tempo zu verringern weiterlaufen, selbst wenn an dieser Stelle zuvor ein Dummy lag.
Hat dein Hund Schwierigkeiten, sich die Fallstelle zu merken, kannst du zu Beginn gut sichtbare Dummys verwenden. Sobald dein Hund das Markieren gelernt hat, wechselt du dann wieder zu grünen oder orangefarbenen Dummys.

Was tun, wenn der Hund vor dem Signal losstürmt?

Wenn dein Hund den Wurf des Dummys durch den Helfer so aufregend findet, dass er beim Warten nicht mehr ruhig sitzenbleibt oder sogar aufspringt und losrennt (beim Dummytraining wird dies als „einspringen" bezeichnet), bevor du ihm das Apportiersignal gibst, solltest du das Training vereinfachen. Orientiere dich dabei am Aufbau der Übungen aus den vorherigen Kapiteln. Der Helfer lässt den Dummy anfangs erst einmal fallen, bevor er ihn später mit einer kleinen Bewegung aus dem Handgelenk wirft. Sollte dein Hund dennoch losstürmen, hebt der Helfer den Dummy einfach wieder ruhig auf. Bringe deinen Hund zurück an seinen Platz und starte die Übung von vorn, reduziere aber die Reize. Belohne ihn für ruhiges, geduldiges Warten, bevor du ihn den Dummy apportieren lässt. Hole immer wieder einmal selbst den Dummy, um die Spannung für deinen Hund zu verringern. Erst wenn dein Hund zuverlässig ruhig sitzenbleibt, kann der Helfer weiter werfen, und ihr könnt nach und nach die Distanz zum Helfer erhöhen.

Schwierigkeit steigern

Im nächsten Schritt trainierst du in Gelände mit höherem Bewuchs und wechselnden Vegetationszonen, etwa Übergänge von kurzem zu hohem Gras und umgekehrt. Füge auch natürliche Hindernisse wie Wege, Bäche, Gräben, Hecken oder Mauern ein, die dein Hund auf dem Weg zum Dummy überwinden muss.
Beachte dabei die Perspektive deines Hundes: Er hat einen ganz anderen Blick auf das Gelände als du. Was für dich gut sichtbar ist, kann für ihn leicht im Verborgenen liegen. Gehe daher in die Hocke und betrachte das Übungsgelände aus seiner Sicht, so kannst du besser einschätzen, was er tatsächlich wahrnimmt.

Markierungen zeitversetzt arbeiten

Nun soll dein Hund lernen, sich die Fallstelle über längere Zeit zu merken. Das kannst du schrittweise aufbauen:

- Warte nach dem Wurf zunächst einen kurzen Moment, bevor du deinen Hund schickst.
- Später kannst du mit ihm ein paar Schritte auf die Fallstelle zu oder von ihr weggehen, bevor er den Dummy apportieren darf.
- Trainiere anschließend Doppel- oder Mehrfachmarkierungen (lass also den Helfer zwei oder mehr Dummys werfen).
- Füge Verleitungen hinzu.
- Am Ende kannst du Markierungen mit anderen Aufgaben kombinieren, etwa mit einer Suche oder einem Einweisen auf einen zuvor ausgelegten Dummy.

Labrador Retriever werden seit Generationen darauf gezüchtet, sich zu merken, wo die Beute liegt, und diese zu bringen.

Suche

Bei der der Suche bzw. der sogenannten Verlorensuche, einem wichtigen Bestandteil des Dummytrainings, werden zwischen drei und zehn Dummys in einem abgegrenzten „Suchengebiet“ versteckt.

Das Gebiet kann zwischen ca. 20 × 20 m und in der Regel maximal 50 × 50 m groß sein. Starte dabei zu Beginn mit einem kleineren Suchengebiet! Weder der Hund noch der Mensch wissen, wo genau die Dummys liegen. Der Mensch kennt lediglich die ungefähren Grenzen des Suchengebiets. Der Hund soll selbstständig und ohne direkte Hilfe des Menschen im festgelegten Gebiet nach den versteckten Dummys suchen, diese finden und zum Menschen zurückbringen. Die Suche erfolgt meist in höherem Bewuchs, sodass der Hund seine Nase intensiv einsetzen muss. Dabei ist er während der Arbeit nicht dauerhaft in Sichtkontakt mit dem Menschen.

Der Hund soll nacheinander mehrere Dummys suchen und die Suche jedes Mal neu aufnehmen. Tauschen ist tabu: Hat der Hund einen Dummy im Maul, soll er nicht weiter suchen oder den Dummy gegen einen anderen tauschen, den er zufällig findet.

Die erste Suche kannst du auch in der Wohnung trainieren, wenn die Ablenkung für deinen Hund draußen noch zu groß ist.

Suchvarianten

Je abwechslungsreicher du die Suche gestaltest, desto spannender und motivierender wird sie für deinen Hund. Dabei darfst du kreativ werden, nutze alles, was die Natur dir bietet! Du kannst den Dummy z. B. unter altem Laub verstecken. Lass ihn dabei anfangs noch etwas herausschauen, da viele Hunde zu Beginn eher mit den Augen suchen und erst lernen müssen, ihre Nase gezielt einzusetzen. Ist dein Hund bereits ein erfahrener Sucher, kannst du den Dummy vollständig unter Laub oder sogar leicht in lockerer Erde eingraben. Du wirst überrascht sein, wie sicher er ihn dennoch findet.

Der Dummy muss zudem nicht immer am Boden liegen. Hänge ihn zunächst nur wenige Zentimeter über dem Boden in einen Strauch. Viele Hunde suchen nämlich instinktiv nur am Boden. Befestige

Terrier Hündin Bimba findet den Ball auch dann, wenn dieser nicht sichtbar unter viel Laub versteckt ist.

den Dummy nach und nach höher, bis er schließlich deutlich über dem Boden, etwa in einem kleinen Baum, hängt.
Der Dummy muss für deinen Hund erreichbar sein. Denn beim Dummytraining soll dein Hund die Aufgabe möglichst ohne Hilfe des Menschen lösen können. Suche glatte Äste ohne viele Verästelungen aus und platziere den Dummy möglichst weit außen, sodass dein Hund ihn leicht abziehen kann.

Aufbau des Trainings

Lass deinen Hund zunächst beobachten, wie du, oder alternativ ein Helfer, einen Dummy im höheren Bewuchs, etwa auf einer Wiese oder im Wald, versteckst. Wichtig ist, dass der Dummy vom Standort deines Hundes aus nicht mehr sichtbar ist. Idealerweise kann dein Hund in dieser Zeit ruhig sitzen und warten. Falls das noch nicht zuverlässig klappt, kannst du ihn auch an einem Baumstamm oder Pfosten anleinen oder von einem Helfer festhalten lassen. Sobald du wieder bei deinem Hund bist, richte deinen Blick in die Richtung des versteckten Dummys, zeige mit der flach Richtung Boden gehaltenen Hand dorthin und schicke deinen Hund damit zum Suchen. Beobachte nun genau, wie dein Hund arbeitet: Sucht er im richtigen Bereich? Achte auf seine Körpersprache, besonders auf die Rute. Beginnt sie freudig zu wedeln, hat er vermutlich den Dummy entdeckt oder dessen Geruch aufgenommen. Während dein Hund sucht, kannst du nun noch ein Signalwort wie z. B. „Such" hinzufügen, damit dein Hund dieses mit dem Suchen verknüpft. Wenn er den Dummy gefunden und zurückgebracht hat, lobe ihn ausgiebig und belohne ihn.

Calito darf zu Beginn noch zusehen, wie Marcel den Futterbeutel in etwas höherem Bewuchs versteckt.

Marcel schickt Calito mit einem Handzeichen und dem Signal „Such" in Richtung des Futterbeutels.

Verleitstellen

Im nächsten Schritt gehst du mit dem Dummy mehrere mögliche Verstecke ab und verhältst dich dabei so, als würdest du ihn dort ablegen. Dabei kannst du ruhig den Boden mit dem Dummy berühren, dadurch bleibt ein leichter Geruch zurück, der es deinem Hund später schwerer macht, die tatsächlich richtige Stelle zu finden. Er muss lernen, so lange zu suchen, bis er eine Stelle gefunden hat, an welcher er eindeutig viel mehr Geruch vom Dummy wahrnehmen kann, als an den anderen Stellen. An einem der Verstecke lässt du den Dummy irgendwann dann wirklich zurück. Achte aber darauf, ihn weder im ersten noch im letzten Versteck zu platzieren. Diese Positionen suchen viele Hunde zuerst auf und so hätte dein Hund direkt Erfolg. Er soll stattdessen lernen, konzentriert und ausdauernd zu suchen, auch wenn er den Dummy nicht sofort findet.

Mehrere Dummys verstecken

Im nächsten Schritt versteckst du mehrere Dummys. Der erste Dummy stellt für deinen Hund meist noch keine große Herausforderung dar, er hat ja gesehen, dass du ihn versteckt hast, und weiß daher, dass sich etwas im Suchengebiet befindet. Spannender wird es beim zweiten Dummy: Jetzt muss dein Hund dir zum ersten Mal wirklich vertrauen. Er hat nämlich nicht mitbekommen, dass du erneut im Suchengebiet warst und dort einen weiteren Dummy versteckt hast. Wenn er trotzdem freudig zur Suche aufbricht und zielstrebig losläuft, hast du einen wichtigen Trainingsmeilenstein erreicht, dein Hund hat das Prinzip der Suche verstanden. Lass ihn immer eine unterschiedliche Anzahl an Dummys suchen, damit er nie genau weiß, wann die Aufgabe endet.

Vom Hund unbemerkt auslegen

Sucht und findet dein Hund mehrere Dummys bereits zuverlässig, kannst du den nächsten Schritt wagen: Lass ihn beim Verstecken der Dummys außer Sicht. Für die ersten sogenannten „blinden" Suchen wählst du am besten ein Gelände, das dein Hund aus vorherigen sichtbaren Suchübungen kennt. Er hat das Verstecken des Dummys dieses Mal zwar nicht beobachtet, aber er vertraut deiner Handbewegung und dem Hörzeichen, und er

Nach einer kurzen Suche hat Herdenschutzhund Calito den Futterbeutel im Bewuchs aufgestöbert.

kennt das Gebiet. Wenn dein Hund jetzt losläuft und selbstständig mit der Suche beginnt, hast du beinahe dein Trainingsziel erreicht.
Im letzten Trainingsschritt kannst du die Dummys dann auch in einem völlig neuen Gebiet verstecken, das dein Hund noch nie betreten hat. Jetzt zeigt sich, wie gefestigt das Gelernte ist, denn nun muss er vollständig auf dich und deine Signale vertrauen.

Dein Hund bleibt stehen und fragt

Bleibt dein Hund bei der Suche stehen, wirkt unsicher und schaut dich fragend an, vermeide es, ihm sofort zu helfen. Ziel der Suche ist es, dass dein Hund möglichst eigenständig arbeitet. Zeigst du ihm jetzt eine Richtung und findet er dort sogar einen Dummy, wird er beim nächsten Mal, wenn er nicht sofort etwas findet, wahrscheinlich wieder zögern und auf deine Hilfe warten. Er lernt so, dass Unsicherheit zum Erfolg führt.

Auch wenn Calito kein klassischer Apportierhund ist, macht ihm die Suche nach dem Futterbeutel viel Spaß.

Jamie beherrscht die Suche perfekt: Sobald er ein Dummy findet, nimmt er es auf und bringt es zu seinem Menschen.

Besser ist es, ruhig stehenzubleiben und ihn nicht direkt anzuschauen. Drehe dich eventuell sogar leicht von ihm weg. Nimmt er die Suche dann wieder selbstständig auf, kannst du ihn unterstützen, indem du mit ins Suchengebiet gehst und gemeinsam mit ihm suchst. Dabei darfst du ihm dann ruhig erneut eine Richtung zeigen, in der er suchen soll. Wichtig ist dabei jedoch, dass er nun schnell Erfolg hat und einen Dummy findet.

Anti-Tausch-Training

Damit dein Hund nicht tauscht, ist ein solides Basistraining unerlässlich. Er muss lernen, jeden gefundenen Dummy zügig und ohne Umwege direkt zu dir zurückzubringen. Hast du das Apportieren wie hier beschrieben aufgebaut, sollte dein Hund bereits verstanden haben, dass er auch dann korrekt apportieren soll, wenn weitere Dummys ausgelegt wurden oder ein Verleitdummy ins Spiel kommt. Neigt dein Hund dennoch dazu, zu tauschen, solltest du diese Grundübungen erneut mit deinem Hund trainieren.

Zwei Dummys im Winkel auslegen

Besonders effektiv sind Apportierübungen mit gezielten Verleitungen oder Situationen, in denen zwei Dummys dicht beieinander liegen. Lege dazu zunächst zwei Dummys in einem Winkel von etwa 90 Grad vor deinem Hund aus. Schicke ihn dann mit einem eindeutigen Handzeichen gezielt zu einem der beiden Dummys. Sobald dein Hund den richtigen Dummy aufgenommen hat, lobst du ihn und motivierst ihn, ihn dir zu bringen. Im nächsten Schritt verringerst du den Winkel zwischen den beiden Dummys schrittweise, bis sie so nah beieinanderliegen, dass du deinen Hund nur noch grob in die Richtung schicken kannst. Nun muss er selbstständig entscheiden, welchen Dummy er aufnimmt. Auch hier lobst du ihn sofort und forderst ihn freundlich auf, zu dir zurückzukommen. Später kannst du die Schwierigkeit weiter steigern, indem du die Dummys direkt nebeneinanderlegst oder sogar übereinander stapelst.

Sollte dein Hund den aufgenommenen Dummy fallenlassen, um stattdessen einen anderen aufzunehmen, nutze ein zuvor aufgebautes Abbruchsignal wie „Nein“ oder „Falsch“. Gehe ruhig und entspannt auf ihn zu, nimm ihm den Dummy ab und beginne die Übung erneut. Lege die Dummys dieses Mal mit etwas mehr Abstand zueinander aus, um die Aufgabe für deinen Hund übersichtlicher zu gestalten.

Ebenfalls sehr effektiv ist folgende Übung: Gib deinem Hund das Signal „Fuß“, während er ein Dummy im Maul trägt. Laufe nun an auf dem Boden liegenden Dummys vorbei, die dein Hund ignorieren soll. So lernt er, sich auf seine Aufgabe zu konzentrieren und nicht zu tauschen.

Über liegende Verleitdummys apportieren

Eine weiterführende Übung ist das Apportieren über am Boden liegende Verleitdummys. Lege dafür mehrere Dummys in einer Reihe auf den Boden. Stell dich mit deinem Hund, der neben dir sitzt, davor und wirf einen weiteren Dummy nach vorn. Schicke deinen Hund zum Apportieren. Während er losläuft, gehst du einige Schritte rückwärts, sodass du hinter den ausgelegten Verleitdummys stehst. Dein Hund muss nun auf dem Rückweg mit dem aufgenommenen Dummy im Maul über die liegenden Verleitdummys hinweg zu dir zurückkehren.

Zu Beginn solltest du kurz hinter den Dummys stehen. Später kannst du die Distanz schrittweise vergrößern. Lobe deinen Hund, wenn er auf direktem Weg mit dem Dummy über die Verleitdummys zu dir zurückläuft. Beobachte ihn dabei genau: Wird er langsamer oder zögert er? Dann sprich ihn direkt an, motiviere ihn und locke ihn freundlich zu dir, damit er den Dummy zu dir bringt.

Verlassen des Suchengebiets

Dein Hund soll das vorgegebene Suchengebiet während der Suche nicht verlassen. Beobachtet er zu Beginn, wie und wo du die Dummys versteckst, kann er sich die ungefähren Grenzen des Gebiets merken. Wenn du ihn jedoch zur Suche schickst, ohne dass er das Verstecken der Dummys gesehen hat, kennt er die Begrenzung nicht. In diesem Fall ist es wichtig, dass du ihm während der Suche ein klares Signal gibst, sobald er das Gebiet verlässt. Auf dieses Signal hin soll sich dein Hund umdrehen und die Suche innerhalb des vorgegebenen Bereichs fortsetzen.

Sprich deinen Hund in dem Moment mit seinem Namen an, in dem er das Suchengebiet verlässt. In der Regel wird er daraufhin Blickkontakt zu dir aufnehmen. So kannst du ihm ein neues Signal geben und ihn mit deinem ausgestreckten Arm zurück ins Suchengebiet schicken. Unterstützend kannst du ein bereits aufgebautes Hörzeichen wie „Rüber“ verwenden (siehe S. 154).

Zusätzlich lässt sich für das Wenden ein Pfiff konditionieren, z. B. ein kurzer Pfiff. Verlässt dein Hund das Gebiet, pfeifst du einmal kurz, nennst seinen Namen und gibst ihm dann das Richtungszeichen zurück ins Suchengebiet.

Einweisen

Beim Einweisen muss sich der Hund ganz auf seinen Menschen verlassen, denn nur der weiß, wo der Dummy versteckt ist, und gibt die nötigen Richtungsanweisungen.

Nur wenn der Hund die Signale des Menschen beachtet und sich von ihm lenken lässt, kommt er zum Ziel, zur Beute. Eine selbstständige Arbeit des Hundes ist bei dieser Aufgabe nicht erwünscht.
Beim Einweisen soll der Hund möglichst lange in gerader Linie laufen, bis er vom Menschen gestoppt und anschließend in eine neue Richtung weitergeschickt wird. So können Abweichungen von der idealen Laufrichtung gezielt korrigiert werden. Hat der Hund den Bereich der Fallstelle erreicht, muss er auf den Suchenpfiff den Dummy in einer kleinen Suche finden und ihn zum Menschen zurückbringen.

Signale beim Einweisen

Beim Einweisen müssen sich die Signale, sowohl Sicht- als auch Hörzeichen, insbesondere die Pfiffe, sehr klar voneinander unterscheiden und absolut eindeutig sein. Überlege dir also im Vorfeld genau, welche Signale du einsetzen möchtest. Nur so kann dein Hund deine Anweisungen zuverlässig verstehen und ausführen. Eine konsequente und wiederholte Anwendung der gewählten Signale erleichtert ihm das Lernen und sorgt für mehr Sicherheit im Training.
Beim Dummytraining werden Hörzeichen auf Distanz in der Regel mit der Pfeife gegeben. Sie hat den Vorteil, dass sie selbst über weite Distanzen (bis zu 200 Meter) und auch bei starkem Wind für den Hund gut hörbar bleibt.

Kirsten legt den Dummy an einem für Katla gut sichtbaren Baum aus. Katla darf dabei zusehen.

Kirsten schickt die Appenzeller Sennenhündin mit einem deutlichen Handzeichen in Richtung des Baums zum Dummy.

Hörzeichen im Einweisetraining

— Wort „Voran" – für das gerade Voranschicken
— Wort „Back" – zum Zurückschicken (nach dem Stopp-Signal)
— Wort „Rüber" – für die Richtungsänderung nach rechts oder links (alternativ auch spezifisch: „Rechts"/„Links").
— Pfiff „Hier" – dreimal kurz hintereinander, für das Zurückrufen
— Pfiff „Stopp" – einmal lang, für das Anhalten
— Pfiff „Such" – in Wellen gepfiffen, für die kleine Suche nahe der Fallstelle

Die kurzen, schnellen Pfiffe stehen in der Regel für dynamische Aktionen wie das Zurückkommen oder den Beginn der Suche. Der lange, ruhige Pfiff signalisiert dem Hund dagegen, das Tempo zu reduzieren und eine wartende oder aufmerksame Position einzunehmen.
Die unterschiedlichen Pfiffe solltest du vorab ohne deinen Hund trainieren, damit du sie während des Trainings immer gleich ausführst.

Sichtzeichen im Einweisetraining

— Signal „Voran" – rechte oder linke Hand neben dem Kopf des Hundes
— Signal „Stopp" – eine Hand nach oben ausgestreckt
— Signal „Rechts/Links" (alternativ „Rüber") – rechte Hand als Bewegung nach rechts für „Rechts", linke Hand als Bewegung nach links für „Links".
— Signal „Back Rechts/Links" – rechte oder linke Hand als Bewegung nach oben

Trainiert Kirsten mit Katla auf einer Wiese, auf der keine markanten Punkte wie Bäume oder Pfosten vorhanden sind, nutzt sie den Markierstab für das Einweise-Training.

Signal „Voran“

Als erstes kannst du deinem Hund das Signal „Voran“ beibringen. Lege dazu einen Dummy an einen markanten Punkt im Gelände, wie z. B. an einen Baum, Strauch oder Pfahl. Falls du keine natürlichen Markierungspunkte findest, kannst du auch Hilfsmittel wie einen Markierstab (siehe S. 59), einen Regenschirm, Stock oder ähnliches verwenden. Setze deinen Hund nun genau in Richtung des Dummys und schicke ihn mit einem klaren Handzeichen und dem Hörzeichen „Voran“ zum Dummy.

Mit welcher Hand schickst du am besten?

Du kannst entweder die rechte oder die linke Hand zum Schicken verwenden. Entscheide dich im Voraus, welche Hand du einsetzen möchtest (siehe S. 130). Achte darauf, dass das Handzeichen nicht nur für dich angenehm ist, sondern auch zum Charakter deines Hundes passt: Wenn dein Hund links neben dir sitzt, wirst du dich beim Schicken mit der rechten Hand eher zu ihm hinwenden, was ihm mehr Führung und Sicherheit gibt. Zudem kannst du gut beobachten, ob er die Richtung angenommen und einen Zielpunkt anvisiert hat. Wenn du hingegen die linke Hand benutzt, wendest du dich automatisch mit deiner Körperfront von deinem Hund ab, was für ihn weniger Ansprache und damit weniger Führung bedeutet. Oft verdeckst du mit deinem ausgestreckten Arm außerdem den Blick auf deinen Hund, sodass du nur schwer erkennen kannst, ob er tatsächlich verstanden hat, in welche Richtung er laufen soll.

Denk daran: Deine Hand zeigt deinem Hund die Richtung und hilft ihm, sich zu fokussieren. Da jetzt kein Gegenstand mehr sichtbar vor ihm liegt, muss er sich selbstständig einen Punkt in der Umgebung suchen. Das gelingt ihm nur, wenn deine Hand in seinem Sichtfeld bleibt, denn nur so kann er eine gedachte Linie von seinem Auge über deine Hand bis zum Zielpunkt ziehen. Achte deshalb darauf, dass du deine Hand nicht zu hoch hältst, sondern deutlich sichtbar vor deinem Hund positionierst. Damit dein Hund wirklich gerade auf das Ziel zuläuft, ist es wichtig, dass du die Hand ruhig hältst. Jede Bewegung, ob seitlich oder nach vorn, kann den Fokus deines Hundes stören und ihn verunsichern.

Katla hat das Signal „Voran" verstanden. Ohne Zögern läuft sie in Richtung Markierstab und Dummy.

Variantenreiches Training

Im nächsten Schritt vergrößerst du die Entfernung, indem du mit deinem Hund weiter vom Fixpunkt weggehst. Zu Beginn gehst du dann vor jeder neuen Übung zurück zum Fixpunkt (während dein Hund wartet), legst dort einen Dummy aus und gibst deinem Hund so eine erneute Orientierungshilfe. Die Übung wird schwieriger, wenn du mehrere Dummys auslegst, da du jetzt nicht mehr zum Fixpunkt zurückgehst. Dein Hund muss sich nun also die Stelle, an der die Dummys liegen, merken. In einer weiteren Variante kannst du deinen Standpunkt auch seitlich verändern, indem du einen Kreis um den Fixpunkt läufst. So verändert sich das Bild, das sich dein Hund vom Fixpunkt gemacht hat.

Entsprechend baust du nun einen zweiten und dritten Fixpunkt im gleichen Gelände auf. Sobald dein Hund diese Punkte kennt, kannst du ihn in verschiedene Richtungen schicken. Dabei muss er sich die Fixpunkte bereits über einen längeren Zeitraum merken. Zusätzlich kannst du auch andere Übungen zwischendurch einbauen, z. B., indem du deinen Hund eine Markierung arbeiten lässt, bevor du ihn auf den zuvor ausgelegten Dummy mit „Voran" einweist.

Halb-Blinds und Blinds

Nimmt dein Hund das Signal „Voran“ zuverlässig an, selbst wenn zwischen dem Auslegen des Dummys und dem Schicken eine gewisse Zeit vergangen ist, kannst du in einem späteren Training Dummys an den aufgebauten Fixpunkten auslegen, ohne dass dein Hund dabei zugesehen hat. Danach schickst du ihn erneut auf die Fixpunkte (Halb-Blinds). Erst wenn dein Hund diese Übung zuverlässig ausführt und die Richtung, die du ihm durch deine Hand vorgibst, zuverlässig annimmt, trainierst du sogenannte „Blinds“. Bei einem „Blind“ hat dein Hund nicht gesehen, dass ein Dummy ausgelegt wurde und kennt die Stelle auch nicht aus einem vorherigen Aufbau über einen Fixpunkt.
Auch wenn dein Hund bereits zuverlässig auf Blinds mit „Voran“ geschickt werden kann, solltest du im Training immer wieder einmal „Halb-Blinds“ einbauen, also Dummys an bekannten Fixpunkten oder bei denen dein Hund eine kleine Hilfe bekommt. Ein Helfer könnte z. B. ein Geräusch an der Stelle machen, an der der Dummy liegt.

Vorsicht vor Dummy-Reihen

Um deinem Hund das Signal „Voran“ beizubringen, ist es wenig sinnvoll, mehrere Dummys hintereinander in einer Reihe auszulegen. Der Gedanke dahinter ist, dass dein Hund den ersten Dummy aufnimmt und bringt, dann zum nächsten läuft, den zweiten Dummy holt und so weiter, bis er gelernt hat, eine weite Strecke voranzulaufen.
In der Praxis gibt es jedoch viele Fallstricke. Läuft dein Hund motiviert los, könnte er den ersten Dummy überlaufen. Wenn er nun den zweiten Dummy zuerst aufnimmt und sich auf den Rückweg macht, würde er am ersten Dummy vorbeikommen und es könnte zum Tauschen kommen. Doch selbst wenn er den ersten Dummy holt, kann es problematisch werden, wenn du ihn zum zweiten Dummy schickst, ohne dass er diesen bereits im Blick hat. Er läuft los, kommt an der Stelle vorbei, an der der erste Dummy lag, und bremst plötzlich ab, weil es dort immer noch nach dem ersten Dummy riecht.
Ein zuverlässiges „Voran“ wird dein Hund so nicht lernen, da du ihn jetzt eventuell zum zweiten Dummy weiterschicken müsstest, und fraglich ist, ob er dieses Signal überhaupt annehmen würde. Deshalb ist es ratsam, das „Voran“ lieber mit einem Fixpunkt zu trainieren.

Signal „Rüber“ (oder „Rechts“/„Links“)

Der Aufbau für das Signal „Rüber“, bzw. alternativ die Signale „Rechts“ und „Links“, erfolgt ähnlich wie beim Signal „Voran“. Dein Hund soll nun lernen, das Gelände seitlich zu durchlaufen, anstatt nach vorn zu gehen. Dazu wählst du erneut einen Fixpunkt aus. Du kannst hierfür denselben Fixpunkt nutzen, den dein Hund bereits aus dem Training für das Signal „Voran“ kennt.
Setze deinen Hund in einer gewissen Distanz zum Fixpunkt ab, aber nicht frontal, sondern seitlich zum Fixpunkt. Stelle dich anfangs direkt deinem Hund gegenüber und schicke ihn mit der zur Seite ausgestreckten Hand zum Fixpunkt, an dem der Dummy liegt. Vergrößere die Entfernung zum Dummy mit jeder Übung. Trainiere das Schicken in beide Richtungen, nach rechts und nach links. Wenn dein Hund zuverlässig nach rechts oder links läuft, setze ihn nun näher am Fixpunkt ab, aber wieder seitlich. Nun vergrößerst du schrittweise mit jeder Übung die Distanz zwischen dir und deinem Hund. Nach einigen Trainingseinheiten kannst du deinen Hund auch aus etwa 50 Metern Entfernung zum Fixpunkt schicken. Im letzten Schritt vergrößerst du beide Komponenten gleichzeitig: die Entfernung zwischen deinem Hund und dem Fixpunkt sowie die Distanz zwischen dir und deinem Hund. So kannst du deinen Hund schließlich aus etwa 50 Metern Entfernung zum ebenfalls 50 Meter entfernten Fixpunkt schicken.

Verändere niemals beide Komponenten gleichzeitig! Wenn dein Hund eine Komponente sicher beherrscht, reduziere die Anforderungen für die andere und trainiere diese gezielt. Erst dann kombinierst du sie.

Beim Training mit mehreren Dummys in einer Reihe hintereinander können leicht Fehler passieren.

Signal „Back“

Ein weiteres Signal, das dein Hund lernen muss, ist das Signal „Back“. Dabei soll er sich nach dem Stopp-Pfiff, bei dem er sich idealerweise zu dir umdreht, um 180 Grad drehen und weiter in die Tiefe des Geländes laufen.
Als Handzeichen eignet sich für dieses Signal die nach oben geführte, offene Hand. Dein Hund muss eine deutliche Bewegung erkennen. Je nachdem, in welche Richtung dein Hund sich umdrehen soll, nimmst du entweder die rechte oder aber die linke Hand nach oben.

Es ist sinnvoll, deinem Hund beizubringen, sich entweder nach links oder nach rechts umzudrehen, um dann weiter zurückzulaufen. Wenn auf einer Seite deines Hundes ein Dummy liegt, kannst du ihm durch Wegdrehen in die andere Richtung signalisieren, dass dieser Dummy nicht gemeint ist und er stattdessen weiter zurücklaufen soll.

Aufbau des Signals

Um das Signal aufzubauen, setze deinen Hund ab und entferne dich einige Schritte von ihm. Wirf einen Dummy schräg rechts (aus deiner Sicht) hinter deinen Hund und schicke ihn mit dem

Nelly soll den rechts neben ihr liegenden Dummy ignorieren und stattdessen den hinter ihr liegenden bringen.

Andrea schickt Nelly mit dem rechten Arm nach hinten, sodass Nelly sich um ihre linke Schulter dreht.

rechten Arm nach hinten. Zu Beginn setzt du deinen Hund so ab, dass er nicht frontal zu dir ausgerichtet ist, sondern bereits leicht schräg nach rechts. So wird er sich immer richtig umdrehen. Übe dies in beide Richtungen und entferne dich mit jeder Übung weiter von deinem Hund. Später sitzt dein Hund dann gerade (frontal zu dir), und du wirfst den Dummy genau hinter ihn. Profis lassen den Hund leicht schräg nach links sitzen, werfen den Dummy schräg links (aus ihrer Sicht) hinter den Hund und schicken ihn dann nach rechts drehend (aus Menschensicht) zum Dummy. Schafft dein Hund diese Schwierigkeitsstufe, hat er das Signal eindeutig verstanden!
Um die Distanz zu vergrößern, kannst du wieder einen Fixpunkt als Sichthilfe verwenden. Dabei vergrößerst du zuerst die Distanz zwischen dir und deinem Hund, dann die Distanz zwischen deinem Hund und dem Fixpunkt, bevor du beide Komponenten gleichzeitig vergrößerst.

Signal „Stopp“

Den Stopp-Pfiff kennt dein Hund bereits aus dem Training der Grundsignale und den Basis-Übungen (siehe S. 138 ff.).
Für das Dummytraining ist es jedoch besonders wichtig, dass dein Hund sich beim Stopp immer vollständig zu dir umdreht. Dein Hund soll seine gesamte Aufmerksamkeit auf dich richten und genau beobachten, was du ihm zeigst.
Wenn er mit dem Rücken zu dir sitzt und nur den Kopf in deine Richtung dreht, besteht die Gefahr, dass er nur kurz auf dich schaut und dann gar nicht mehr auf deine Signale achtet, sondern in die Richtung läuft, in der er den Dummy vermutet. Das vollständige Umdrehen erreichst du, indem du beim Aufbau des Stopp-Pfiffs als Belohnung ein Futterstück oder einen Ball immer genau in diese Richtung, also zwischen dich und deinen Hund, wirfst.

Holger hat drei Suchendummys rund um Lagotto Romagnolo Hündin Ally in etwas höherem Gras versteckt und schickt Ally zur Kleinen Suche.

Signal „Such“

Das letzte Signal, das dein Hund für das Einweisen lernen muss, ist der Suchenpfiff. Dieser Pfiff teilt dem Hund mit, dass er nun die Stelle erreicht hat, an der der Dummy liegt. An dieser Stelle soll er seine Nase einsetzen und in einem kleinen Umkreis nach dem Dummy suchen. Diese Art der Suche wird auch als „Nah-Suche“ oder „Kleine Suche“ bezeichnet.

Aufbau des Signals

Setze deinen Hund in einem höheren Bewuchs ab und gehe in einem Radius von bis zu drei Metern um ihn herum. Verstecke dabei zwei oder drei kleine Dummys (auch „Suchendummys“ genannt) oder Bälle. Verwende keine (großen) Standarddummys, da diese für deinen Hund schnell auffindbar wären. Achte darauf, dass du die Dummys so platzierst, dass dein Hund seine Nase einsetzen muss, um sie zu finden. Dadurch lernt er, dass er bei diesem Signal aktiv suchen muss.

Stelle dich nun in kurzer Distanz vor deinen Hund und animiere ihn zur Suche, indem du z. B. auffordernd mit der Hand auf den Boden zeigst. Sobald dein Hund beginnt, die Nase einzusetzen, gibst du das neue Signal. Ideal ist es, den Pfiff genau in dem Moment auszuführen, in dem dein Hund Witterung aufnimmt und kurz darauf den Dummy findet. So kann er den Pfiff mit der Suche verknüpfen und wird direkt durch den Fund belohnt.

Hat dein Hund einen Dummy gefunden, soll er ihn dir selbstverständlich zurückbringen. Setze ihn anschließend erneut im Suchengebiet ab, damit die Übung von vorn beginnen kann. Zu Beginn kannst du nur einen einzelnen Dummy verstecken, so kann dein Hund jedes Mal beobachten, wie du ihn platzierst. Diese Sichthilfe erleichtert ihm das Erlernen der Übung. Sobald dein Hund den Pfiff zuverlässig mit der kleinen Suche verknüpft hat, kannst du die unterstützende Handbewegung weglassen.

Mit der Zeit legst du dann zwei oder drei Dummys aus, was die Übung beim zweiten bzw. dritten Dummy schwieriger macht, da dein Hund nun auf deinen Pfiff reagieren muss, ohne dass er gesehen hat, dass du erneut einen Dummy versteckt

hast. Nach mehreren Wiederholungen kannst du die Dummys verstecken, ohne dass dein Hund zuschaut. Nun muss er das erste Mal auf den Suchenpfiff reagieren, ohne eine klare visuelle Orientierung zu haben.
Im letzten Trainingsschritt vergrößerst du schrittweise die Distanz zwischen dir und deinem Hund, sodass dieser auch aus größerer Entfernung auf den Suchenpfiff reagiert.

Die Übungen „Voran", „Rechts", „Links" und „Back" sowie den Stopp-Pfiff und den Suchenpfiff trainierst du zunächst nur einzeln. Erst wenn sie auch in schwierigerem Gelände und mit Überquerung von Geländehindernissen (Bach, Weg etc.) zuverlässig funktionieren, setzt du die Übungen zusammen.

Damit dein Hund zuverlässig auf die einzelnen Signale reagiert, ist viel Training in immer wieder unterschiedlichem Gelände notwendig. Wenn du dieses Training mit deinem Hund von Welpe an beginnst, kannst du etwa ab dem vollendeten zweiten Lebensjahr deinen Hund auch dann einweisen, wenn dieser keinen Anhaltspunkt hat, wo sich der Dummy befindet. Dennoch solltest du auch mit erfahrenen Hunden immer wieder einfache Einweise-Übungen durchführen bzw. die Signale einzeln trainieren und absichern.
Achte darauf, dass einer schweren Übung, bei der du deinen Hund mehrfach stoppen und bezüglich der Richtung korrigieren musstest, immer eine einfache Übung folgt, bei der dein Hund schnell zum Erfolg kommt!

Bald braucht Holger kein Handzeichen mehr, Ally beginnt bereits auf den Suchenpfiff mit der Suche.

Nur wenn wir alle Rücksicht auf andere Menschen, Hunde oder Tiere und die Natur nehmen, werden sowohl der Spaziergang als auch das Training zu einem entspannten Erlebnis für alle.

Was beim Dummytraining zu beachten ist

Training in Feld und Wald

Gerade in Deutschland, aber auch in vielen anderen Ländern, unterliegt die Hundehaltung zunehmend gesetzlichen Regelungen. Um weitere Einschränkungen zu vermeiden, ist es entscheidend, dass wir lernen, Rücksicht auf unsere Mitmenschen und die Natur zu nehmen.

Dabei geht es nicht nur darum, andere Spaziergänger, Radfahrer oder Landwirte zu respektieren, sondern auch die Bedürfnisse der eigentlichen Bewohner von Feld und Wald: der Wildtiere. Deshalb gibt es bestimmte Regelungen für den Aufenthalt von Hunden in der Natur, die sich je nach Land und Bundesland unterscheiden.

In vielen Regionen gilt während der Brut- und Setzzeit, meist von Mitte April bis Mitte Juli, eine generelle Leinenpflicht. Auch wenn es in deinem Gebiet keine offizielle Vorschrift gibt, solltest du in dieser sensiblen Zeit besondere Rücksicht nehmen und deinen Hund gegebenenfalls freiwillig an die Leine nehmen. Welche Regeln konkret in deinem Bundesland gelten, erfährst du beispielsweise beim Landesjagdverband oder der zuständigen Unteren Naturschutzbehörde. Generell dürfen Hunde in vielen Gegenden zwar freilaufend auf Feld- und Waldwegen unterwegs sein, jedoch nicht querfeldein durch Wiesen, über Äcker oder im Wald laufen.

Störung von Lebensräumen

Wenn du die hier genannten Hinweise beherzigst, wird auch ein Jäger oder Jagdpächter in der Regel nichts gegen deine Anwesenheit einzuwenden haben. Leider kommt es dennoch immer wieder zu Spannungen zwischen Hundehaltern und Jägern, dabei teilen beide eigentlich eine ähnliche Leidenschaft: Sie lieben Tiere und möchten ihnen ein artgerechtes Leben ermöglichen.

Dem Jäger liegt dabei verständlicherweise besonders das Wohl der Wildtiere am Herzen, nicht das des Hundes. Selbst wenn dein Hund kein Wild verfolgt oder hetzt, kann seine bloße Anwesenheit eine erhebliche Störung darstellen. Tiere, die durch Hunde immer wieder in ihrem Rückzugsraum aufgeschreckt werden, stehen dauerhaft unter Stress. Viele Wildtiere meiden deshalb stark frequentierte Wege und ziehen sich in entlegene Gebiete zurück, um in Ruhe ihre Jungen aufzuziehen. Wenn du deinen Hund nun vom Weg abweichen lässt oder ihn bei der Suche tief in den Wald hineinschickst, bleiben den Wildtieren kaum noch ungestörte Rückzugsorte.

Zeige daher Rücksicht!

Je umsichtiger du dich in Feld und Wald bewegst, desto eher ist ein Jäger bereit, dir beispielsweise eine Wiese zu nennen, auf der du ohne große Beeinträchtigung für das Wild mit deinem Hund trainieren kannst.

Achte bei deinem Apportiertraining immer darauf, nur Flächen zu nutzen, auf denen du weder Menschen noch Tiere störst. Und denk daran: Jede Wiese gehört jemandem. Wenn du sie betreten möchtest, brauchst du immer die Genehmigung des Eigentümers.

Neben dem spannenden Training gehört eine Pause zu einem ausgeglichenen Spaziergang dazu.

Apportiertraining am Wasser

Das Dummytraining wird oft mit Retrievern durchgeführt, da es die ursprüngliche Aufgabe dieser Hunde auf der Jagd gut simuliert und somit einen perfekten Ersatz für das jagdliche Arbeiten darstellt.

Ein wesentlicher Bestandteil dieses Trainings ist das Arbeiten am Wasser, da Retriever ursprünglich dafür gezüchtet wurden, den Jäger bei der Entenjagd zu begleiten. Ihre Aufgabe besteht darin, ruhig neben dem Jäger am Wasser zu sitzen und zu warten, bis dieser die Ente geschossen hat. Nach dem Schuss dürfen sie die Ente dann aus dem Wasser apportieren. Deshalb sind Aufgaben am Wasser auch ein fester Bestandteil offizieller Dummyprüfungen.
Hast du einen wasserfreudigen Hund, kannst du diese Leidenschaft wunderbar in dein Apportiertraining integrieren!

Aufbau des Trainings

Im Grunde genommen unterscheiden sich die Arbeitsformen am Wasser nicht wesentlich von denen an Land. Du kannst den Dummy als Markierung ins Wasser werfen, alternativ liegt der Dummy bereits im Wasser und du schickst deinen Hund auf das „Blind“ (siehe S. 150 ff.) dorthin. Wenn der Dummy am Uferrand im Schilf versteckt ist, soll der Hund in das Schilf geschickt werden, um es dort zu suchen. Der Aufbau dieser Varianten erfolgt analog zum Training an Land.

Bevor du das Training am und im Wasser beginnst, sollte dein Hund an Land bereits gut und sicher apportieren.

Zu Beginn steht Chrissi an der Wasserkante, um Sulley den Dummy abzunehmen, ohne dass er sich schüttelt.

Jedoch ist es am Wasser schwieriger, deinem Hund zu helfen, wenn er das Ziel nicht erreicht. Du kannst nicht, wie an Land, einfach zum Dummy laufen und ihn z. B. noch einmal hochheben und damit für deinen Hund sichtbar machen.

Schwimmen lernen

Bevor es jedoch an komplexe Trainingsaufgaben geht, sollte dein Hund zunächst das Schwimmen lernen. Wähle dazu ein flaches Gewässer, in dem dein Hund im Randbereich noch entspannt stehen oder laufen kann. Gehe mit ihm ein Stück ins Wasser, um ihm Sicherheit zu geben. Starte das Apportiertraining, indem du einen Dummy ein Stück ins Wasser wirfst, den dein Hund erreichen kann, ohne schwimmen zu müssen.
Schritt für Schritt wirfst du den Dummy immer weiter, sodass dein Hund zunehmend tiefer ins Wasser muss, bis er schließlich kurz den Boden unter den Füßen verliert. Achte darauf, dass er wirklich nur einen Schwimmzug machen muss, um den Dummy zu erreichen und dann wieder auf festen Boden zurückkehren kann. Diese positive Erfahrung, bei der er sowohl sicher schwimmen als auch den Dummy erfolgreich apportieren konnte, wird ihm helfen, immer selbstbewusster zu werden und sicherer auch weite Strecken zu schwimmen.

SO NICHT!

Du darfst deinen Hund niemals zwingen, ins Wasser zu gehen. Leider hört man immer wieder einmal den Tipp, den Hund ins Wasser zu tragen und ihn dort dann loszulassen, sodass er gezwungen ist, zu schwimmen, genauso wie den Ratschlag, ihn einfach ins tiefe Wasser zu werfen, in der Annahme, dass er dann schon schwimmen lernen wird. Solche Methoden sind tierschutzrelevant und vollkommen inakzeptabel. Sie können nicht nur das Vertrauen deines Hundes in dich zerstören, sondern auch traumatische Erlebnisse hervorrufen. Ein solcher Schock kann dazu führen, dass dein Hund Angst vor Wasser entwickelt und freiwillig nie wieder ins Wasser gehen wird.

Nach der Abgabe schüttelt sich Sulley. Chrissi gibt zeitgleich ein Signal, damit er dieses mit dem Schütteln verknüpft.

Abgabe, ohne Schütteln

Schritt 1: Ein Signal für das Schütteln einführen
Beginne damit, deinem Hund das Verhalten bewusst zu machen, indem du es benennst. Immer wenn er sich schüttelt, sagst du klar und freundlich: *„Schütteln"*, optional mit einem eindeutigen Handzeichen. So lernt dein Hund: *„Aha! Das, was ich da mache, hat einen Namen."*

Schritt 2: Der erste Apport im flachen Gewässer
Wähle ein flaches Gewässer, z. B. einen See mit seichtem Einstieg oder einen flachen Bach. Wirf den Gegenstand nicht weit ins Wasser hinein, damit dein Hund nicht komplett durchnässt wird. So ist sein Bedürfnis, sich sofort zu schütteln, geringer. Sei nahe bei deinem Hund, direkt am Ufer oder sogar ein paar Schritte im Wasser. Denke an wasserfeste Schuhe! Nimm deinem Hund den Apportiergegenstand noch im Wasser ab, bevor er den Impuls zum Schütteln hat. Jetzt kommt dein Signal „Schütteln". Sobald dein Hund sich geschüttelt hat, belohnst du ihn mit Futter, einem Spiel oder einfach nur einem Lob.

Schritt 3: Abstand vergrößern
Wirf den Gegenstand nach und nach weiter ins Wasser, sodass dein Hund am Ende tatsächlich schwimmen muss, um ihn zu erreichen. Verlass das Wasser schrittweise selbst, sodass dein Hund eine immer größere Strecke mit Gegenstand im Maul an Land zurücklegen muss. So lernt er nach und nach, trotz immer mehr Wasser im Fell, dir erst den Gegenstand zu bringen und sich danach, auf dein Signal, zu schütteln, anstatt dies schon unterwegs zu tun.

Zeit bis zum Schütteln ausdehnen

Steigere dann die Zeit an Land, bis du deinem Hund das Signal zum Schütteln gibst. Als Belohnung kannst du ihm dafür beispielsweise eine mit Leberwurst oder Ähnlichem gefüllte Futtertube anbieten. Die meisten Hunde sind so auf das Schlecken konzentriert, dass sie das Schütteln zunächst vergessen. Beginne mit kurzen Schleckphasen und verlängere diese allmählich. Beende die Belohnung bewusst und gib anschließend ein Signal, mit dem du deinen Hund zum Schütteln aufforderst.
Alternativ kannst du direkt eine zweite Apportierübung an Land anschließen: Nimm deinem Hund den aus dem Wasser geholten Gegenstand ab und wirf anschließend einen weiteren Gegenstand an Land, dem er sofort hinterherlaufen darf. Durch das Laufen und das anschließende Bringen verliert dein Hund bereits einen Großteil des Wassers aus dem Fell. Das Bedürfnis, sich zu schütteln, ist beim Abgeben des zweiten Gegenstands daher meist deutlich geringer.

Übungen kombinieren

Geht dein Hund gern ins Wasser und bringt den Dummy zuverlässig zu dir zurück, kannst du die Aufgaben schwieriger gestalten. Genauso wie an Land kannst du mit ihm Einfach- oder Mehrfachmarkierungen trainieren. Besonders spannend wird es, wenn du Wasser- und Landmarkierungen kombinierst. Achte darauf, auch an Gewässern zu trainieren, die dein Hund überqueren muss, um an den Dummy zu gelangen. Der Dummy liegt also nicht immer im Wasser, sondern z. B. auch auf der anderen Uferseite in höherem Bewuchs.

Wie immer solltest du auch beim Wassertraining kreativ sein und unterschiedliche Übungen einbauen, die an das Können deines Hundes angepasst sind. So bleibt das Training abwechslungsreich und fordernd, aber stets machbar für deinen Hund.

Sulley hat gelernt, sich erst auf Chrissis Signal zu schütteln, selbst wenn er sitzt und den Dummy festhält.

Apportieren mit mehreren Hunden

Apportieren mit mehreren Hunden ist eine tolle Möglichkeit, die Hunde gleichzeitig zu beschäftigen und zu fördern. Aber es erfordert auch eine sorgfältige Planung und viel Aufmerksamkeit seitens des Menschen.

Besonders wichtig ist es, die individuellen Bedürfnisse und Persönlichkeiten der einzelnen Hunde zu berücksichtigen, um Konflikte zu vermeiden und das Training erfolgreich zu gestalten.
Bevor du mit mehreren Hunden gleichzeitig trainierst, solltest du genau wissen, wie die Hunde zueinander stehen und wie ihre Einstellung zu Beute ist. Es gibt Hunde, die besonders darauf bedacht sind, immer als Erster arbeiten zu dürfen, weil Apportieren für sie eine sehr wichtige Beschäftigung ist. Andere Hunde wiederum haben weniger Interesse an der Arbeit an sich, legen jedoch großen Wert darauf, dass niemand ihre Beute beansprucht. Dann gibt es Hunde, die Beute, die ein anderer Hund für sich beansprucht oder zuvor apportiert hat, niemals auch nur anschauen, geschweige denn apportieren würden!
Auch der Kontakt zum Menschen kann einem Hund besonders wichtig sein. Passe dann euer Training darauf an: Wenn ein Hund besonderen Wert auf den ersten und intensivsten Sozialkontakt zum Sozialpartner Mensch legt, solltest du mit diesem Hund beginnen, bevor die anderen Hunde an die Reihe kommen. Am Ende des Trainings darf dieser Hund noch einmal eine kleine Übung machen, da er sonst das Training unter Umständen mit Frust darüber, dass die anderen Hunde apportieren durften, beenden würde.

Bevor mit zwei Hunden gleichzeitig trainiert wird, muss jeder Hund einzeln die Grundlagen erlernen.

Bevor du mit mehreren Hunden gleichzeitig trainierst, sollte jeder einzelne Hund die grundlegenden Signale sowie die Apportieraufgaben sicher beherrschen und zuverlässig ausführen. Nur wenn du die Hunde einzeln gut ausgebildet hast, wird euer gemeinsames Training strukturiert ablaufen.

Beim Apportiertraining mit zwei Hunden gleichzeitig muss der Ablauf der Übung vorab genau geplant werden.

Apportiertraining mit zwei Hunden

Beginne das erste gemeinsame Training mit einer einfachen Übung: Setze oder lege beide Hunde in einem Abstand von etwa fünf bis zehn Metern zueinander ab. Stelle dich in die Mitte zwischen die beiden, sodass du durch eine leichte Drehung deines Oberkörpers gezielt mit jedem Hund kommunizieren kannst.
Starte nun in der Nähe von Hund 1. Wirf einen Gegenstand entlang der gedachten Linie zwischen den beiden Hunden, jedoch so, dass der Gegenstand nicht in Richtung von Hund 2 fällt. Drehe dich anschließend zu Hund 2, gib ihm das Signal zum Bleiben, und wende ihm dann den Rücken zu. Jetzt schickst du Hund 1 los, um den Gegenstand zu apportieren. Nach dem erfolgreichen Apport erhält Hund 1 eine Belohnung.
Nun bleibt Hund 1 an seiner Position sitzen oder liegen. Du gehst zu Hund 2 und belohnst ihn dafür, dass er ruhig gewartet hat. Danach wirfst du einen Gegenstand erneut entlang der gedachten Linie, dieses Mal aber nicht in Richtung von Hund 1. Gib auch jetzt Hund 1 das Signal zum Bleiben, wende ihm den Rücken zu, und schicke Hund 2 zum Apport. Auch er erhält eine Belohnung, wenn er den Gegenstand erfolgreich gebracht hat. Danach wird Hund 2 wieder abgesetzt und Hund 1 bekommt seine Belohnung fürs Warten.

Wenn Fehler passieren

Sollte z. B. Hund 1 vorzeitig aufstehen und zu dir laufen, obwohl er warten sollte, ignorierst du den Fehler zunächst. Vervollständige die Apportieraufgabe mit Hund 2 wie geplant und belohne ihn für seine korrekte Ausführung. Erst danach bringst du Hund 1 ruhig an seinen Platz zurück,

Passiert ein Fehler und ein Hund läuft dem Gegenstand hinterher, obwohl er eigentlich warten sollte, muss die Übung danach noch einmal in einer einfacheren Variante durchgeführt werden.

ohne Belohnung und ohne eigene Apportieraufgabe. Stattdessen darf Hund 2 noch einmal apportieren.
Damit Hund 1 nicht frustriert wird, reduziere im nächsten Durchgang die Schwierigkeit. Wirf den Gegenstand für Hund 2 nur kurz oder lege ihn sogar nur aus, damit Hund 1 die Chance hat, ruhig sitzenzubleiben. Sobald das gelingt, belohnst du Hund 1 für das geduldige Warten, und nun darf auch er wieder apportieren.

Aufbau des Trainings mit mehreren Hunden

Schritt 1: Ruhige Grundübungen

— Beide Hunde warten in Ruhe, während jeweils nur einer apportiert.
— Beginne mit einfachen Einzelapporten im Wechsel.

Schritt 2: Fußarbeit und Positionswechsel

— Integriere kurze Fußlaufen-Sequenzen
— Baue Positionswechsel (Sitz, Down, Steh) ein.

Schritt 3: Dynamisches Training

— Rufe einen der Hunde zu dir.
— Baue dann den Rückruf auf dem Weg zur Beute ein.

Schritt 4: Komplexere Kombinationsaufgaben

— Stoppe einen Hund kurz vor der Beute, lass ihn warten.
— Führe mit dem anderen Hund in der Zwischenzeit eine andere Apportieraufgabe durch.
— Erst danach darf der wartende Hund die ursprüngliche Beute holen.

Schritt 5: Variationen aus allen Elementen

— Kombiniere alle Elemente des Apportiertrainings.
— Sei kreativ, gestalte die Übungen aber immer angepasst an deine Hunde!

Service

Wissenswertes
für Hundehaltende

Martin Rütter im Kosmos Verlag

Hundetraining – Aufbau einer guten Beziehung und alle wichtigen Signale Schritt für Schritt erklärt.

Welpentraining – Auswahl, Tipps und Übungen für die ersten Monate mit dem Welpen und Junghund.

DOGS Hundeführerschein – Vorbereitung auf die theoretische und praktische Prüfung in den Martin Rütter Hundeschulen.

Sprachkurs Hund – Körpersprache, Mimik und Lautsprache von Hunden verstehen lernen.

Hunde beschäftigen – Für jeden Hundetyp die passende Beschäftigung.

Tierschutzhunde – Alle, die einem Hund aus dem Tierschutz eine zweite Chance geben, bekommen hier viele Tipps für die erste Zeit.

Problem gelöst – Ob Ziehen an der Leine oder Anspringen, hier findet man Wege aus dem Dilemma.

Jagdverhalten – Die Lust zu jagen und Beute zu machen, steckt in fast allen unseren Hunden. Hier lernt man Jagdmotivationen verstehen und den richtigen Umgang mit Jagdverhalten.

Angst bei Hunden – Hier erfährt man, wie man mit den Ängsten seines Hundes umgehen kann und welche Hilfestellungen es gibt.

Hund und Kind – Der Beratungscoach für Familien, damit das Zusammenleben problemlos klappt.

Hundesenioren – Hier findet man viele Tipps, um das Leben alter Hunde mit Freude zu gestalten.

Hundstage – sind die sonnigen Tage im Leben, also die mit Hund! Ein Cartoon mit dem Hundeprofi und Illustrator Jannes Weber.

Martin Rütters Hundewimmelbuch – Ein Buch für die ganze Familie, ob groß oder klein. Entdeckt mit Martin und Emma die Hundewelt in vielen lustigen Szenen. Illustriert von Jannes Weber.

Bei der Ansprache im Text sind alle drei Geschlechter gemeint. Wir nutzen jedoch die männliche Form. Dadurch wird das Buch leichter lesbar. Dafür bitten wir um Verständnis.

Die Autoren

Martin Rütter gründete 1995 seine erste Hundeschule, in der er nach neuesten wissenschaftlichen Kenntnissen aus der Verhaltensforschung seine Trainingsphilosophie aufbaute und diese bis heute weiterentwickelt. Mittlerweile gibt es in vielen Ländern Europas Hundeschulen, die nach der Philosophie von Martin Rütter arbeiten und in denen vor allem der Mensch im Vordergrund steht und mit seinen Problemen ernst genommen wird (martinruetter.com/hundeschulen).
Doch auch das Entertainment hat es Martin Rütter angetan, und es ist ein großes Erlebnis, ihn live auf seinen Tourneen zu erleben. Zudem setzt er sich in den Medien für eine bessere Mensch-Hund-Beziehung ein. In seinen TV-Sendungen „Der Hundeprofi – Rütters Team" auf VOX und „Die Unvermittelbaren" auf RTL hilft Deutschlands beliebtester Hundeexperte auch in schwierigen Fällen. Auf RTL berät er in „Die Welpen kommen" Neuhundehalter von Anfang an.

Andrea Buisman lebt in Zülpich bei Köln mit ihren Labrador Retrievern, mit denen sie aktiv die verschiedensten Beschäftigungsformen für Mensch und Hund ausübt. Hierzu zählen z. B. Agility, Apportiertraining und Zughundesport. Sie ist seit 2003 im Team von Martin Rütter. Abgesehen von ihren Spezialgebieten „Mehrhundehaltung" und „Jagdverhalten" ist sie gefragte Referentin für Trainerfortbildungen zu Themen wie „Welpen" oder „Aggression bei Hunden". Sie bildet angehende „Martin Rütter Hundetrainer" (martinruetter.com/akademie) aus und ist für die fachliche Betreuung des Netzwerks der Martin Rütter Hundeschulen zuständig. Auch das Angebot „Martin Rütter Hundeführerschein" hat sie mitentwickelt und leitet hier die Fortbildungen in den Martin Rütter Hundeschulen. Andrea Buisman züchtet zudem Labrador Retriever im Deutschen Retriever Club unter dem Zwingernamen „Speed'n Style".

Register

Bildnachweis

217 Farbfotos wurden von Andreas Linde für dieses Buch aufgenommen.

Impressum

Umschlaggestaltung von GRAMISCI Editiorialdesign, München / Stefanie Wawer unter Verwendung von zwei Farbfotos von Andreas Linde.

Mit 220 Farbfotos.

Alle Angaben in diesem Buch erfolgen nach bestem Wissen und Gewissen. Sorgfalt bei der Umsetzung ist indes dennoch geboten. Der Verlag und die Autoren übernehmen keinerlei Haftung für Personen-, Sach- oder Vermögensschäden, die aus der Anwendung der vorgestellten Materialien, Methoden oder Informationen entstehen könnten.

Unser gesamtes Programm finden Sie unter **kosmos.de.**
Über Neuigkeiten informieren Sie regelmäßig unsere
Newsletter, einfach anmelden unter **kosmos.de/newsletter**

Gedruckt auf chlorfrei gebleichtem Papier

ISBN 978-3-440-18147-8
Redaktion: Hilke Heinemann
Gestaltung und Satz: Atelier Krohmer, Dettingen/Erms
Produktion: Angela List
Druck und Bindung: Mohn Media Mohndruck GmbH, Gütersloh
Printed in Germany / Imprimé en Allemagne

FSC
www.fsc.org
MIX
Papier | Fördert gute Waldnutzung
FSC® C011124